线性代数及应用

主　　编　丁　峻　孙爱玲

编写人员　蒋秋浩　李雪玲
　　　　　杨　访　阎航宇

东南大学出版社

图书在版编目(CIP)数据

线性代数及应用/丁峻,孙爱玲主编.—南京:东南大学出版社,2007.8(2021.1重印)

ISBN 978-7-5641-0826-7

Ⅰ.线… Ⅱ.①丁… ②孙… Ⅲ.线性代数—高等学校—教材 Ⅳ.0151.2

中国版本图书馆GIP数据核字(2007)第115633号

出版发行 东南大学出版社
社　　址 南京市四牌楼2号(邮编:210096)
出 版 人 江 汉
印　　刷 江苏凤凰数码印务有限公司
开　　本 787×1092mm 1/16
印　　张 8.75
字　　数 235千字
版　　次 2007年8月第1版 2021年1月第7次印刷
书　　号 ISBN 978-7-5641-0826-7/O·49
定　　价 21.00元

* 东大版图书若有印装质量问题,请直接联系读者服务部,电话:(025)83791830。

前　言

线性代数理论有着悠久的历史和丰富的内容. 近年来，随着科学技术的发展，特别是电子计算机使用的日益普遍，线性代数作为重要的数学工具已深入应用到自然科学、社会科学、工程技术、经济管理等各个领域.

同微积分一样，线性代数也是高等院校普遍开设的基础数学课程. 与微积分相比，线性代数更多地是从离散的角度研究客观世界的空间形式和数量关系. 学习线性代数课程，无论是对于全面培养学生的数学思想、提高数学素质，还是为进一步学习其他课程，都有着不可替代的重要作用. 对于计算机科学的迅猛发展，数字化处理技术已渗透到科学乃至当今日常生活的各个领域，学习和掌握线性代数的意义就显得尤为突出.

如何理解线性代数的基本思想和基础理论知识，掌握其基本方法，并能灵活应用于实际问题是线性代数教学的主要任务. 对于非数学专业学生基础知识较薄、学时较少的特点，我们编写了这部教材. 通过精心选取和安排教学内容，使其能保持一定的系统性和完整性，同时又密切结合应用背景，通过对实际问题例子的讲解激发学生学习的兴趣，增强运用数学知识分析和解决实际问题的能力，努力做到融科学性和实用性于一体.

本书的前四章内容涵盖了线性代数课程的基本内容和教学要求，各章前后穿插了有关的实际问题引例和实际应用问题的实例. 而以附录的形式介绍了 MATLAB 软件，用以说明线性代数的计算问题可以借助于计算机来解决.

本书由中国药科大学数学教研室的丁峻老师、孙爱玲老师任主编，参加前四章内容编写的有孙爱玲、李雪玲、杨访、蒋秋浩、阎航宇等老师.

在此我们衷心感谢中国药科大学基础部领导曹凤岐老师和东南大学出版社对本书的出版给予的大力支持.

由于编者的水平有限，书中难免存在不足和不妥处，敬请专家和读者批评指正.

编者

2007 年 6 月

前言

编者

目 录

第一章　行列式

行列式是线性代数中的一个基本工具.在初等代数中,为便于求解二元和三元线性方程组,引进了二阶、三阶行列式,为了研究一般的 n 元线性方程组,需要进一步讨论 n 阶行列式.本章将在二阶、三阶行列式的基础上,给出 n 阶行列式的定义、基本性质及计算方法.作为行列式的初步应用,还将介绍用行列式解线性方程组的一种重要方法 —— 克莱姆法则.

第一节　n 阶行列式

一、二阶和三阶行列式

在初等数学中,求解二元线性方程组

$$\begin{cases} a_{11}x_1 + a_{12}x_2 = b_1 \\ a_{21}x_1 + a_{22}x_2 = b_2 \end{cases} \tag{1}$$

时,用消元法得

$$\begin{cases} (a_{11}a_{22} - a_{12}a_{21})x_2 = a_{11}b_2 - a_{21}b_1 \\ (a_{11}a_{22} - a_{12}a_{21})x_1 = a_{22}b_1 - a_{12}b_2 \end{cases} \tag{2}$$

当 $a_{11}a_{22} - a_{12}a_{21} \neq 0$ 时,求得解为

$$x_1 = \frac{a_{22}b_1 - a_{12}b_2}{a_{11}a_{22} - a_{12}a_{21}}, \quad x_2 = \frac{a_{11}b_2 - a_{21}b_1}{a_{11}a_{22} - a_{12}a_{21}} \tag{3}$$

为了便于记忆,引入记号

$$D = \begin{vmatrix} a & c \\ b & d \end{vmatrix} = ad - bc \tag{4}$$

并称由 a,b,c,d 四个数构成的两行两列的式子

$$\begin{vmatrix} a & c \\ b & d \end{vmatrix}$$

为二阶行列式,利用二阶行列式的概念,则式(3) 可表示为

$$x_1 = \frac{\begin{vmatrix} b_1 & a_{12} \\ b_2 & a_{22} \end{vmatrix}}{\begin{vmatrix} a_{11} & a_{12} \\ a_{21} & a_{22} \end{vmatrix}}, \quad x_2 = \frac{\begin{vmatrix} a_{11} & b_1 \\ a_{21} & b_2 \end{vmatrix}}{\begin{vmatrix} a_{11} & a_{12} \\ a_{21} & a_{22} \end{vmatrix}} \tag{5}$$

可见用二阶行列式来表示二元线性方程组的解确实简洁明了.

类似地,如果在求解三元线性方程组

$$\begin{cases} a_{11}x_1+a_{12}x_2+a_{13}x_3=b_1 \\ a_{21}x_1+a_{22}x_2+a_{23}x_3=b_2 \\ a_{31}x_1+a_{32}x_2+a_{33}x_3=b_3 \end{cases} \tag{6}$$

的过程中引入下列三阶行列式的记号，并规定三阶行列式的展开式为

$$\begin{vmatrix} a_{11} & a_{12} & a_{13} \\ a_{21} & a_{22} & a_{23} \\ a_{31} & a_{32} & a_{33} \end{vmatrix} = (-1)^{1+1}a_{11}\begin{vmatrix} a_{22} & a_{23} \\ a_{32} & a_{33} \end{vmatrix} + (-1)^{1+2}a_{12}\begin{vmatrix} a_{21} & a_{23} \\ a_{31} & a_{33} \end{vmatrix} + (-1)^{1+3}a_{13}\begin{vmatrix} a_{21} & a_{22} \\ a_{31} & a_{32} \end{vmatrix}$$

$$\begin{aligned} &= a_{11}(a_{22}a_{33}-a_{23}a_{32}) - a_{12}(a_{21}a_{33}-a_{23}a_{31}) + a_{13}(a_{21}a_{32}-a_{22}a_{31}) \\ &= a_{11}a_{22}a_{33}+a_{12}a_{23}a_{31}+a_{13}a_{21}a_{32}-a_{13}a_{22}a_{31}-a_{11}a_{23}a_{32}-a_{12}a_{21}a_{33} \end{aligned} \tag{7}$$

则当三元线性方程组的系数行列式

$$D=\begin{vmatrix} a_{11} & a_{12} & a_{13} \\ a_{21} & a_{22} & a_{23} \\ a_{31} & a_{32} & a_{33} \end{vmatrix} \neq 0$$

时，用消元法求解这个方程组可得

$$x_1=\frac{D_1}{D},\quad x_2=\frac{D_2}{D},\quad x_3=\frac{D_3}{D} \tag{8}$$

式中，$D_j(j=1,2,3)$ 是用常数项 b_1,b_2,b_3 替换 D 中的第 j 列所得的三阶行列式，即

$$D_1=\begin{vmatrix} b_1 & a_{12} & a_{13} \\ b_2 & a_{22} & a_{23} \\ b_3 & a_{32} & a_{33} \end{vmatrix},\quad D_2=\begin{vmatrix} a_{11} & b_1 & a_{13} \\ a_{21} & b_2 & a_{23} \\ a_{31} & b_3 & a_{33} \end{vmatrix},\quad D_3=\begin{vmatrix} a_{11} & a_{12} & b_1 \\ a_{21} & a_{22} & b_2 \\ a_{31} & a_{32} & b_3 \end{vmatrix}$$

解的表达式(5) 和(8) 很容易记忆，分母均是相应的系数行列式，x_j 的分子是把系数行列式的第 j 列换成方程组中的常数项，其余列不动所得到的行列式.

例 1　计算行列式

$$D=\begin{vmatrix} 2 & 1 & 3 \\ 4 & 0 & 5 \\ -1 & 6 & 8 \end{vmatrix}$$

解　利用展开式计算，得

$$D=\begin{vmatrix} 2 & 1 & 3 \\ 4 & 0 & 5 \\ -1 & 6 & 8 \end{vmatrix} = 2\begin{vmatrix} 0 & 5 \\ 6 & 8 \end{vmatrix} - 1\begin{vmatrix} 4 & 5 \\ -1 & 8 \end{vmatrix} + 3\begin{vmatrix} 4 & 0 \\ -1 & 6 \end{vmatrix}$$

$$\begin{aligned} &= 2(0\times 8-5\times 6)-(4\times 8-5\times(-1))+3(4\times 6-0\times(-1)) \\ &= -25 \end{aligned}$$

例 2　解三元线性方程组

$$\begin{cases} -2x_1-3x_2+x_3=7 \\ x_1+x_2-x_3=-4 \\ -3x_1+x_2+2x_3=1 \end{cases}$$

解　方程组的系数行列式

$$D=\begin{vmatrix} -2 & -3 & 1 \\ 1 & 1 & -1 \\ -3 & 1 & 2 \end{vmatrix} = -2\begin{vmatrix} 1 & -1 \\ 1 & 2 \end{vmatrix} + 3\begin{vmatrix} 1 & -1 \\ -3 & 2 \end{vmatrix} + \begin{vmatrix} 1 & 1 \\ -3 & 1 \end{vmatrix} = -5 \neq 0$$

$$D_1=\begin{vmatrix}7&-3&1\\-4&1&-1\\1&1&2\end{vmatrix}=7\begin{vmatrix}1&-1\\1&2\end{vmatrix}+3\begin{vmatrix}-4&-1\\1&2\end{vmatrix}+\begin{vmatrix}-4&1\\1&1\end{vmatrix}=-5$$

$$D_2=\begin{vmatrix}-2&7&1\\1&-4&-1\\-3&1&2\end{vmatrix}=-2\begin{vmatrix}-4&-1\\1&2\end{vmatrix}-7\begin{vmatrix}1&-1\\-3&2\end{vmatrix}+\begin{vmatrix}1&-4\\-3&1\end{vmatrix}=10$$

$$D_3=\begin{vmatrix}-2&-3&7\\1&1&-4\\-3&1&1\end{vmatrix}=-2\begin{vmatrix}1&-4\\1&1\end{vmatrix}+3\begin{vmatrix}1&-4\\-3&1\end{vmatrix}+7\begin{vmatrix}1&1\\-3&1\end{vmatrix}=-15$$

所以方程组的解为

$$x_1=\frac{D_1}{D}=1,\quad x_2=\frac{D_2}{D}=-2,\quad x_3=\frac{D_3}{D}=3$$

鉴于二、三阶行列式在讨论二、三元线性方程组时所起的作用，在讨论 n 元线性方程组之前，我们先将二、三阶行列式的概念推广到 n 阶行列式，其中 n 是任意的正整数.

二、n 阶行列式

现给出 n 阶行列式的归纳式定义.

定义 由 $n\times n$ 个数 $a_{ij}(i,j=1,2,\cdots,n)$ 排列成 n 行 n 列（横的称行，竖的称列），并在左、右两边各加一竖线的算式，即

$$D_n=\begin{vmatrix}a_{11}&a_{12}&\cdots&a_{1n}\\a_{21}&a_{22}&\cdots&a_{2n}\\\vdots&\vdots&&\vdots\\a_{n1}&a_{n2}&\cdots&a_{nn}\end{vmatrix}$$

称为 n 阶行列式，并且规定其值如下：

（1）当 $n=1$ 时

$$D_1=|a_{11}|=a_{11}$$

（2）当 $n=2$ 时

$$D_2=\begin{vmatrix}a_{11}&a_{12}\\a_{21}&a_{22}\end{vmatrix}=a_{11}a_{22}-a_{12}a_{21}$$

（3）当 $n>2$ 时

$$D_n=a_{11}A_{11}+a_{12}A_{12}+\cdots+a_{1n}A_{1n}=\sum_{j=1}^{n}a_{1j}A_{1j}$$

以上，数 a_{ij} 称为第 i 行第 j 列的元素；$A_{ij}=(-1)^{i+j}M_{ij}$ 称为元素 a_{ij} 的代数余子式，其中 M_{ij} 为由 D_n 划去第 i 行第 j 列后余下元素构成的 $n-1$ 阶行列式，即

$$M_{ij}=\begin{vmatrix}a_{11}&\cdots&a_{1,j-1}&a_{1,j+1}&\cdots&a_{1n}\\\vdots&&\vdots&\vdots&&\vdots\\a_{i-1,1}&\cdots&a_{i-1,j-1}&a_{i-1,j+1}&\cdots&a_{i-1,n}\\a_{i+1,1}&\cdots&a_{i+1,j-1}&a_{i+1,j+1}&\cdots&a_{i+1,n}\\\vdots&&\vdots&\vdots&&\vdots\\a_{n1}&\cdots&a_{n,j-1}&a_{n,j+1}&\cdots&a_{nn}\end{vmatrix}$$

称 M_{ij} 为 a_{ij} 的余子式.

例 3 计算四阶行列式

$$D=\begin{vmatrix}1&1&0&2\\-1&0&1&0\\1&0&3&1\\0&1&0&0\end{vmatrix}$$

解 $D=a_{11}A_{11}+a_{12}A_{12}+a_{13}A_{13}+a_{14}A_{14}$

$$=1\times\begin{vmatrix}0&1&0\\0&3&1\\1&0&0\end{vmatrix}-1\times\begin{vmatrix}-1&1&0\\1&3&1\\0&0&0\end{vmatrix}+0-2\times\begin{vmatrix}-1&0&1\\1&0&3\\0&1&0\end{vmatrix}=1\times1-0+0-2\times4$$

$$=\ -7$$

实际上,行列式不但可以按第一行元素展开,而且也可以按第一行以后的任一行或者任一列元素展开,其结果都是相同的,即有以下定理.

定理 1 n 阶行列式 D 等于它的任意一行(列)元素与它们所对应的代数余子式乘积之和,即

$$D=\sum_{k=1}^{n}a_{ik}A_{ik}=a_{i1}A_{i1}+a_{i2}A_{i2}+\cdots+a_{in}A_{in}, \qquad \forall i=1,2,\cdots,n \tag{9}$$

或

$$D=\sum_{k=1}^{n}a_{kj}A_{kj}=a_{1j}A_{1j}+a_{2j}A_{2j}+\cdots+a_{nj}A_{nj}, \qquad \forall j=1,2,\cdots,n \tag{10}$$

定理证明略.

在例 3 中,如果按第四行元素展开行列式,就得到

$$D=1\times(-1)^{4+2}\begin{vmatrix}1&0&2\\-1&1&0\\1&3&1\end{vmatrix}=-7$$

这与按 n 阶行列式定义计算的结果是一致的.

三、几种特殊的行列式

下面利用行列式的定义来计算几种特殊的 n 阶行列式.

1. 对角行列式:只有在主(或次) 对角线上有非零元素的行列式称为对角行列式.

例 4 证明对角行列式

$$\begin{vmatrix}\lambda_1&0&\cdots&0&0\\0&\lambda_2&\cdots&0&0\\\vdots&\vdots&&\vdots&\vdots\\0&0&\cdots&\lambda_{n-1}&0\\0&0&\cdots&0&\lambda_n\end{vmatrix}=\lambda_1\lambda_2\cdots\lambda_n \tag{11}$$

$$\begin{vmatrix} 0 & 0 & \cdots & 0 & \lambda_1 \\ 0 & 0 & \cdots & \lambda_2 & 0 \\ \vdots & \vdots & & \vdots & \vdots \\ 0 & \lambda_{n-1} & \cdots & 0 & 0 \\ \lambda_n & 0 & \cdots & 0 & 0 \end{vmatrix} = (-1)^{\frac{n(n-1)}{2}}\lambda_1\lambda_2\cdots\lambda_n \tag{12}$$

其中行列式(11) 主对角线上的元素是 $\lambda_i(i=1,2,\cdots,n)$，行列式(12) 次对角线上的元素是 $\lambda_i(i=1,2,\cdots,n)$，其他元素都是零.

证明 对于行列式(11)，利用 n 阶行列式的定义依次降低其阶数，则得

$$\begin{vmatrix} \lambda_1 & 0 & \cdots & 0 & 0 \\ 0 & \lambda_2 & \cdots & 0 & 0 \\ \vdots & \vdots & & \vdots & \vdots \\ 0 & 0 & \cdots & \lambda_{n-1} & 0 \\ 0 & 0 & \cdots & 0 & \lambda_n \end{vmatrix} = \lambda_1(-1)^{1+1}\begin{vmatrix} \lambda_2 & 0 & \cdots & 0 & 0 \\ 0 & \lambda_3 & \cdots & 0 & 0 \\ \vdots & \vdots & & \vdots & \vdots \\ 0 & 0 & \cdots & \lambda_{n-1} & 0 \\ 0 & 0 & \cdots & 0 & \lambda_n \end{vmatrix}$$

$$= \lambda_1\lambda_2(-1)^{1+1}\begin{vmatrix} \lambda_3 & 0 & \cdots & 0 & 0 \\ 0 & \lambda_4 & \cdots & 0 & 0 \\ \vdots & \vdots & & \vdots & \vdots \\ 0 & 0 & \cdots & \lambda_{n-1} & 0 \\ 0 & 0 & \cdots & 0 & \lambda_n \end{vmatrix} = \cdots = \lambda_1\lambda_2\cdots\lambda_n$$

对于行列式(12)，利用 n 阶行列式的定义依次降低其阶数，则得

$$\begin{vmatrix} 0 & 0 & \cdots & 0 & \lambda_1 \\ 0 & 0 & \cdots & \lambda_2 & 0 \\ \vdots & \vdots & & \vdots & \vdots \\ 0 & \lambda_{n-1} & \cdots & 0 & 0 \\ \lambda_n & 0 & \cdots & 0 & 0 \end{vmatrix} = \lambda_1(-1)^{1+n}\begin{vmatrix} 0 & 0 & \cdots & 0 & \lambda_2 \\ 0 & 0 & \cdots & \lambda_3 & 0 \\ \vdots & \vdots & & \vdots & \vdots \\ 0 & \lambda_{n-1} & \cdots & 0 & 0 \\ \lambda_n & 0 & \cdots & 0 & 0 \end{vmatrix}$$

$$= \lambda_1(-1)^{1+n}\lambda_2(-1)^{1+(n-1)}\begin{vmatrix} 0 & 0 & \cdots & 0 & \lambda_3 \\ 0 & 0 & \cdots & \lambda_4 & 0 \\ \vdots & \vdots & & \vdots & \vdots \\ 0 & \lambda_{n-1} & \cdots & 0 & 0 \\ \lambda_n & 0 & \cdots & 0 & 0 \end{vmatrix}$$

$$= \cdots = (-1)^{1+n}(-1)^{1+(n-1)}\cdots(-1)^{1+1}\lambda_1\lambda_2\cdots\lambda_n$$

$$= (-1)^{n+\frac{n(n+1)}{2}}\lambda_1\lambda_2\cdots\lambda_n = (-1)^{\frac{n(n-1)}{2}}\lambda_1\lambda_2\cdots\lambda_n$$

2. 上(下) 三角行列式：主对角线以下(上) 的元素都为零的行列式称为上(下) 三角行列式.

例 5 证明上三角行列式

$$D = \begin{vmatrix} a_{11} & a_{12} & \cdots & a_{1n} \\ 0 & a_{22} & \cdots & a_{2n} \\ \vdots & \vdots & & \vdots \\ 0 & 0 & \cdots & a_{nn} \end{vmatrix} = a_{11}a_{22}\cdots a_{nn} \tag{13}$$

证明 利用定理 1,按第一列元素展开,依次降低其阶数,得

$$D=a_{11}(-1)^{1+1}\begin{vmatrix} a_{22} & a_{23} & \cdots & a_{2n} \\ 0 & a_{33} & \cdots & a_{3n} \\ \vdots & \vdots & & \vdots \\ 0 & 0 & \cdots & a_{nn} \end{vmatrix}=\cdots=a_{11}(-1)^{1+1}a_{22}(-1)^{1+1}\cdots a_{nn}=a_{11}a_{22}\cdots a_{nn}$$

同理,对下三角行列式按第一行展开,得

$$D=\begin{vmatrix} a_{11} & 0 & \cdots & 0 \\ a_{21} & a_{22} & \cdots & 0 \\ \vdots & \vdots & & \vdots \\ a_{n1} & a_{n2} & \cdots & a_{nn} \end{vmatrix}=a_{11}a_{22}\cdots a_{nn}$$

第二节 行列式的基本性质

由行列式的定义直接计算行列式的值,当行列式的阶数 n 较大时,计算过程是比较繁琐的. 为了简化行列式的计算,下面介绍行列式的一些基本性质.

将行列式 D 的行、列互换后所得到的行列式,称为行列式 D 的转置行列式,记为 D^{T}(或 D'). 即设 n 阶行列式

$$D=\begin{vmatrix} a_{11} & a_{12} & \cdots & a_{1n} \\ a_{21} & a_{22} & \cdots & a_{2n} \\ \vdots & \vdots & & \vdots \\ a_{n1} & a_{n2} & \cdots & a_{nn} \end{vmatrix}$$

则

$$D^{\mathrm{T}}=\begin{vmatrix} a_{11} & a_{21} & \cdots & a_{n1} \\ a_{12} & a_{22} & \cdots & a_{n2} \\ \vdots & \vdots & & \vdots \\ a_{1n} & a_{2n} & \cdots & a_{nn} \end{vmatrix}$$

性质 1 行列式与它的转置行列式相等,即 $D=D^{\mathrm{T}}$.

证明 利用数学归纳法.

(1) 当 $n=2$ 时,命题显然成立.

(2) 设对 $n-1$ 阶行列式命题成立,下面证明对 n 阶行列式命题也成立.

将 D 和 D^{T} 分别按第一行和第一列元素展开,得

$$D=\sum_{k=1}^{n}a_{1k}A_{1k}=\sum_{k=1}^{n}a_{1k}\cdot(-1)^{1+k}M_{1k} \tag{14}$$

$$D^{\mathrm{T}}=\sum_{k=1}^{n}a_{1k}B_{k1}=\sum_{k=1}^{n}a_{1k}\cdot(-1)^{k+1}N_{k1} \tag{15}$$

式中,A_{1k},M_{1k} 是D 的第一行元素的代数余子式和余子式;B_{k1},N_{k1} 是 D^{T} 的第一列元素的代数余子式和余子式.

M_{1k},N_{k1} 都是 $n-1$ 阶行列式,很容易看出 N_{k1} 是 M_{1k} 的转置行列式. 由假设知 $N_{k1}=M_{1k}$,$\forall k=1,2,\cdots,n$ 都成立,从而由式(14) 和(15) 得 $D=D^{\mathrm{T}}$,即命题对 n 阶行列式也成立.

综上所述,命题得证.

这个性质说明了行列式中行、列地位的对称性,凡是行列式对行成立的性质对列也成立.

性质 2　互换行列式中两行(列),行列式的值改变正负.

设行列式

$$D=\begin{vmatrix} \cdots & \cdots & \cdots & \cdots \\ a_{i1} & a_{i2} & \cdots & a_{in} \\ \vdots & \vdots & & \vdots \\ a_{j1} & a_{j2} & \cdots & a_{jn} \\ \cdots & \cdots & \cdots & \cdots \end{vmatrix}\begin{matrix} \\ i\text{ 行} \\ \\ j\text{ 行} \\ \\ \end{matrix}$$

互换第 i 行与第 j 行($1\leqslant i,j\leqslant n$) 得

$$\bar{D}=\begin{vmatrix} \cdots & \cdots & \cdots & \cdots \\ a_{j1} & a_{j2} & \cdots & a_{jn} \\ \vdots & \vdots & & \vdots \\ a_{i1} & a_{i2} & \cdots & a_{in} \\ \cdots & \cdots & \cdots & \cdots \end{vmatrix}\begin{matrix} \\ i\text{ 行} \\ \\ j\text{ 行} \\ \\ \end{matrix}$$

则由性质 2 得

$$\bar{D}=-D$$

性质 2 可用数学归纳法证明,此处从略.

推论 1　如果行列式中有两行(列) 元素对应相等,则此行列式的值为零.

性质 3　行列式中的某行(列) 中所有的元素都乘以同一数 k,等于用数 k 乘以行列式,即

$$\bar{D}=\begin{vmatrix} a_{11} & a_{12} & \cdots & a_{1n} \\ \vdots & \vdots & & \vdots \\ ka_{i1} & ka_{i2} & \cdots & ka_{in} \\ \vdots & \vdots & & \vdots \\ a_{n1} & a_{n2} & \cdots & a_{nn} \end{vmatrix}=k\cdot\begin{vmatrix} a_{11} & a_{12} & \cdots & a_{1n} \\ \vdots & \vdots & & \vdots \\ a_{i1} & a_{i2} & \cdots & a_{in} \\ \vdots & \vdots & & \vdots \\ a_{n1} & a_{n2} & \cdots & a_{nn} \end{vmatrix}$$

证明　将等式左、右两边的行列式分别记为$\bar{D}$ 和 D,并将行列式$\bar{D}$ 按第 i 行展开,得

$$\bar{D}=ka_{i1}A_{i1}+ka_{i2}A_{i2}+\cdots+ka_{in}A_{in}=k(a_{i1}A_{i1}+a_{i2}A_{i2}+\cdots+a_{in}A_{in})=kD$$

推论 2　行列式中某一行(列) 的元素的公因数,可以提到行列式符号的前面.

推论 3　如果行列式中某行(列) 的元素全为零,则此行列式的值等于零.

推论 4　如果行列式的两行(列) 元素对应成比例,则此行列式的值等于零.

性质 4　如果行列式中某行(列) 的各元素都是两数之和,则此行列式可拆成两个行列式的和,即

$$\begin{vmatrix} a_{11} & a_{12} & \cdots & a_{1n} \\ \vdots & \vdots & & \vdots \\ a_{i1}+b_{i1} & a_{i2}+b_{i2} & \cdots & a_{in}+b_{in} \\ \vdots & \vdots & & \vdots \\ a_{n1} & a_{n2} & \cdots & a_{nn} \end{vmatrix}=\begin{vmatrix} a_{11} & a_{12} & \cdots & a_{1n} \\ \vdots & \vdots & & \vdots \\ a_{i1} & a_{i2} & \cdots & a_{in} \\ \vdots & \vdots & & \vdots \\ a_{n1} & a_{n2} & \cdots & a_{nn} \end{vmatrix}+\begin{vmatrix} a_{11} & a_{12} & \cdots & a_{1n} \\ \vdots & \vdots & & \vdots \\ b_{i1} & b_{i2} & \cdots & b_{in} \\ \vdots & \vdots & & \vdots \\ a_{n1} & a_{n2} & \cdots & a_{nn} \end{vmatrix}$$

证明 将上述三个行列式分别按第 i 行展开,并注意到它们第 i 行元素的代数余子式都是相同的,于是有

$$\begin{aligned}左边&=(a_{i1}+b_{i1})A_{i1}+(a_{i2}+b_{i2})A_{i2}+\cdots+(a_{in}+b_{in})A_{in}\\&=(a_{i1}A_{i1}+a_{i2}A_{i2}+\cdots+a_{in}A_{in})+(b_{i1}A_{i1}+b_{i2}A_{i2}+\cdots+b_{in}A_{in})=右边\end{aligned}$$

性质 5 将行列式的某一行(列) 的各元素都乘以一个常数 λ 后,再加到另一行(列) 的对应元素上,则行列式的值不变,即

$$\begin{vmatrix}a_{11}&a_{12}&\cdots&a_{1n}\\\vdots&\vdots&&\vdots\\a_{i1}&a_{i2}&\cdots&a_{in}\\\vdots&\vdots&&\vdots\\a_{k1}&a_{k2}&\cdots&a_{kn}\\\vdots&\vdots&&\vdots\\a_{n1}&a_{n2}&\cdots&a_{nn}\end{vmatrix}=\begin{vmatrix}a_{11}&a_{12}&\cdots&a_{1n}\\\vdots&\vdots&&\vdots\\a_{i1}&a_{i2}&\cdots&a_{in}\\\vdots&\vdots&&\vdots\\a_{k1}+\lambda a_{i1}&a_{k2}+\lambda a_{i2}&\cdots&a_{kn}+\lambda a_{in}\\\vdots&\vdots&&\vdots\\a_{n1}&a_{n2}&\cdots&a_{nn}\end{vmatrix}$$

证明 由性质 4 得

$$右边=\begin{vmatrix}a_{11}&a_{12}&\cdots&a_{1n}\\\vdots&\vdots&&\vdots\\a_{i1}&a_{i2}&\cdots&a_{in}\\\vdots&\vdots&&\vdots\\a_{k1}&a_{k2}&\cdots&a_{kn}\\\vdots&\vdots&&\vdots\\a_{n1}&a_{n2}&\cdots&a_{nn}\end{vmatrix}+\begin{vmatrix}a_{11}&a_{12}&\cdots&a_{1n}\\\vdots&\vdots&&\vdots\\a_{i1}&a_{i2}&\cdots&a_{in}\\\vdots&\vdots&&\vdots\\\lambda a_{i1}&\lambda a_{i2}&\cdots&\lambda a_{in}\\\vdots&\vdots&&\vdots\\a_{n1}&a_{n2}&\cdots&a_{nn}\end{vmatrix}$$

又由推论 4 得

$$\begin{vmatrix}a_{11}&a_{12}&\cdots&a_{1n}\\\vdots&\vdots&&\vdots\\a_{i1}&a_{i2}&\cdots&a_{in}\\\vdots&\vdots&&\vdots\\\lambda a_{i1}&\lambda a_{i2}&\cdots&\lambda a_{in}\\\vdots&\vdots&&\vdots\\a_{n1}&a_{n2}&\cdots&a_{nn}\end{vmatrix}=0$$

所以右边 $=$ 左边.

以后用"$r_i\times k(c_i\times k)$"表示第 i 行(列) 元素乘 k;"$r_i\leftrightarrow r_j(c_i\leftrightarrow c_j)$"表示将第 i 行(列) 与第 j 行(列) 交换位置;"$r_j+kr_i(c_j+kc_i)$"表示将第 i 行(列) 乘数 k 加到第 j 行(列) 上.

性质 6 行列式 D 的某一行(列) 的元素与另一行(列) 对应元素的代数余子式乘积之和等于零,即

$$\sum_{k=1}^{n}a_{ik}A_{jk}=a_{i1}A_{j1}+a_{i2}A_{j2}+\cdots+a_{in}A_{jn}=0,\qquad\forall i\neq j$$

或

$$\sum_{k=1}^{n}a_{ki}A_{kj}=a_{1i}A_{1j}+a_{2i}A_{2j}+\cdots+a_{ni}A_{nj}=0,\qquad\forall i\neq j$$

证明 作行列式(把原行列式中的第 j 行元素换为第 i 行元素)

$$\bar{D}=\begin{vmatrix} a_{11} & a_{12} & \cdots & a_{1n} \\ \vdots & \vdots & & \vdots \\ a_{i1} & a_{i2} & \cdots & a_{in} \\ \vdots & \vdots & & \vdots \\ a_{i1} & a_{i2} & \cdots & a_{in} \\ \vdots & \vdots & & \vdots \\ a_{n1} & a_{n2} & \cdots & a_{nn} \end{vmatrix}\begin{matrix} \\ \\ i\text{ 行} \\ \\ j\text{ 行} \\ \\ \\ \end{matrix}$$

由性质 2 的推论 1 可知,当 $i\neq j$ 时,$\bar{D}=0$. 再将它按第 j 行展开(注意到行列式 $\bar{D}$ 与行列式 D 仅第 j 行的元素不同,第 j 行的代数余子式是相同的),则又有

$$\bar{D}=\sum_{k=1}^{n}a_{ik}A_{jk}$$

从而

$$\sum_{k=1}^{n}a_{ik}A_{jk}=0$$

命题得证.

由本章第一节定理 1 与性质 6,我们得到如下结论:

$$\sum_{k=1}^{n}a_{ik}A_{jk}=a_{i1}A_{j1}+a_{i2}A_{j2}+\cdots+a_{in}A_{jn}=\begin{cases} D, & i=j \\ 0, & i\neq j \end{cases} \tag{16}$$

或

$$\sum_{k=1}^{n}a_{ki}A_{kj}=a_{1i}A_{1j}+a_{2i}A_{2j}+\cdots+a_{ni}A_{nj}=\begin{cases} D, & i=j \\ 0, & i\neq j \end{cases} \tag{17}$$

第三节 行列式的计算

尽管行列式的计算方法比较多,综合性强,计算较复杂,但是我们还是可以归纳出一些有效方法,如利用行列式的性质、利用行列式的展开式、利用递推公式和“加边”等方法.

一、利用行列式性质,把行列式化为上(下)三角行列式

例 6 计算

$$D=\begin{vmatrix} 3 & 1 & -1 & 2 \\ -5 & 1 & 3 & -4 \\ 2 & 0 & 1 & -1 \\ 1 & -5 & 3 & -3 \end{vmatrix}$$

解 对于这种用数字表示的没有任何规律的行列式,一般应将其化为上三角行列式.

$$D\xlongequal{c_1\leftrightarrow c_2}-\begin{vmatrix} 1 & 3 & -1 & 2 \\ 1 & -5 & 3 & -4 \\ 0 & 2 & 1 & -1 \\ -5 & 1 & 3 & -3 \end{vmatrix}\xlongequal[r_4+5r_1]{r_2-r_1}-\begin{vmatrix} 1 & 3 & -1 & 2 \\ 0 & -8 & 4 & -6 \\ 0 & 2 & 1 & -1 \\ 0 & 16 & -2 & 7 \end{vmatrix}\xlongequal{r_2\leftrightarrow r_3}\begin{vmatrix} 1 & 3 & -1 & 2 \\ 0 & 2 & 1 & -1 \\ 0 & -8 & 4 & -6 \\ 0 & 16 & -2 & 7 \end{vmatrix}$$

$$\xlongequal[r_4-8r_2]{r_3+4r_2}\begin{vmatrix}1&3&-1&2\\0&2&1&-1\\0&0&8&-10\\0&0&-10&15\end{vmatrix}\xlongequal{r_4+\frac{5}{4}r_3}\begin{vmatrix}1&3&-1&2\\0&2&1&-1\\0&0&8&-10\\0&0&0&\frac{5}{2}\end{vmatrix}=40$$

例 7 计算 $n+1$ 阶行列式

$$D_{n+1}=\begin{vmatrix}a_0&1&1&\cdots&1\\1&a_1&0&\cdots&0\\\vdots&\vdots&\vdots&&\vdots\\1&0&0&\cdots&a_n\end{vmatrix}$$

其中 $a_i\neq 0, i=1,2,\cdots,n$.

解 从第二列至第 $n+1$ 列分别提出 $a_1,a_2,\cdots,a_n$，再用第一列减去其他各列，得

$$D_{n+1}=a_1a_2\cdots a_n\begin{vmatrix}a_0&\frac{1}{a_1}&\frac{1}{a_2}&\cdots&\frac{1}{a_n}\\1&1&0&\cdots&0\\1&0&1&\cdots&0\\\vdots&\vdots&\vdots&&\vdots\\1&0&0&\cdots&1\end{vmatrix}=\prod_{j=1}^{n}a_j\begin{vmatrix}a_0-\sum\limits_{i=1}^{n}\frac{1}{a_i}&\frac{1}{a_1}&\frac{1}{a_2}&\cdots&\frac{1}{a_n}\\0&1&0&\cdots&0\\0&0&1&\cdots&0\\\vdots&\vdots&\vdots&&\vdots\\0&0&0&\cdots&1\end{vmatrix}$$

$$=(a_0-\sum_{i=1}^{n}\frac{1}{a_i})\prod_{j=1}^{n}a_j$$

例 8 计算 n 阶行列式

$$D_n=\begin{vmatrix}x&a&a&\cdots&a\\a&x&a&\cdots&a\\a&a&x&\cdots&a\\\vdots&\vdots&\vdots&&\vdots\\a&a&a&\cdots&x\end{vmatrix}$$

解 分别将第二行至第 n 行加到第一行上去，提出公因式 $x+(n-1)a$，再将第二行至第 n 行分别减去第一行，得

$$D_n=\begin{vmatrix}x+(n-1)a&x+(n-1)a&x+(n-1)a&\cdots&x+(n-1)a\\a&x&a&\cdots&a\\a&a&x&\cdots&a\\\vdots&\vdots&\vdots&&\vdots\\a&a&a&\cdots&x\end{vmatrix}$$

$$=[x+(n-1)a]\begin{vmatrix}1&1&1&\cdots&1\\a&x&a&\cdots&a\\a&a&x&\cdots&a\\\vdots&\vdots&\vdots&&\vdots\\a&a&a&\cdots&x\end{vmatrix}$$

$$\xrightarrow[i=2,3,\cdots,n]{r_i - r_1 \times a} [x+(n-1)a] \begin{vmatrix} 1 & 1 & 1 & \cdots & 1 \\ 0 & x-a & 0 & \cdots & 0 \\ 0 & 0 & x-a & \cdots & 0 \\ \vdots & \vdots & \vdots & & \vdots \\ 0 & 0 & 0 & \cdots & x-a \end{vmatrix}$$

$$= [x+(n-1)a](x-a)^{n-1}$$

例 9 计算 n 阶行列式

$$D_n = \begin{vmatrix} 1+a_1 & 1 & \cdots & 1 \\ 1 & 1+a_2 & \cdots & 1 \\ \vdots & \vdots & & \vdots \\ 1 & 1 & \cdots & 1+a_n \end{vmatrix}$$

其中 $a_1a_2\cdots a_n \neq 0$.

解 从第一列至第 n 列分别提出 $a_1, a_2, \cdots, a_n$，再将各列加到第一列，得

$$D_n = \prod_{j=1}^{n} a_j \begin{vmatrix} 1+\frac{1}{a_1} & \frac{1}{a_2} & \cdots & \frac{1}{a_n} \\ \frac{1}{a_1} & 1+\frac{1}{a_2} & \cdots & \frac{1}{a_n} \\ \vdots & \vdots & & \vdots \\ \frac{1}{a_1} & \frac{1}{a_2} & \cdots & 1+\frac{1}{a_n} \end{vmatrix} = \prod_{j=1}^{n} a_j \begin{vmatrix} 1+\sum_{i=1}^{n}\frac{1}{a_i} & \frac{1}{a_2} & \cdots & \frac{1}{a_n} \\ 1+\sum_{i=1}^{n}\frac{1}{a_i} & 1+\frac{1}{a_2} & \cdots & \frac{1}{a_n} \\ \vdots & \vdots & & \vdots \\ 1+\sum_{i=1}^{n}\frac{1}{a_i} & \frac{1}{a_2} & \cdots & 1+\frac{1}{a_n} \end{vmatrix}$$

$$= \prod_{j=1}^{n} a_j \left(1+\sum_{i=1}^{n}\frac{1}{a_i}\right) \begin{vmatrix} 1 & \frac{1}{a_2} & \cdots & \frac{1}{a_n} \\ 1 & 1+\frac{1}{a_2} & \cdots & \frac{1}{a_n} \\ \vdots & \vdots & & \vdots \\ 1 & \frac{1}{a_2} & \cdots & 1+\frac{1}{a_n} \end{vmatrix}$$

$$\xrightarrow[i=2,\cdots,n]{r_i - r_1} \prod_{j=1}^{n} a_j \left(1+\sum_{i=1}^{n}\frac{1}{a_i}\right) \begin{vmatrix} 1 & \frac{1}{a_2} & \cdots & \frac{1}{a_n} \\ 0 & 1 & \cdots & 0 \\ \vdots & \vdots & & \vdots \\ 0 & 0 & \cdots & 1 \end{vmatrix} = \prod_{j=1}^{n} a_j \left(1+\sum_{i=1}^{n}\frac{1}{a_i}\right)$$

二、利用行列式性质和按行(列)展开计算行列式

例 10 证明 $n \geqslant 2$ 阶范德蒙(Vandermonde)行列式

$$D_n = \begin{vmatrix} 1 & 1 & 1 & \cdots & 1 \\ x_1 & x_2 & x_3 & \cdots & x_n \\ x_1^2 & x_2^2 & x_3^2 & \cdots & x_n^2 \\ \vdots & \vdots & \vdots & & \vdots \\ x_1^{n-1} & x_2^{n-1} & x_3^{n-1} & \cdots & x_n^{n-1} \end{vmatrix}$$

$$=(x_2-x_1)(x_3-x_1)\cdots(x_n-x_1)(x_3-x_2)(x_4-x_2)\cdots(x_n-x_2)\cdots(x_n-x_{n-1})$$
$$=\prod_{1\leqslant j<i\leqslant n}(x_i-x_j)$$

证明　利用数学归纳法证明.

(1) 当 $n=2$ 时

$$D_2=\begin{vmatrix}1 & 1\\ x_1 & x_2\end{vmatrix}=x_2-x_1$$

结论成立.

(2) 假设对 $n-1$ 阶行列式结论成立,要证对 n 阶行列式结论也成立.

将 n 阶行列式 D_n 从最后一行开始,自下而上每一行减去上一行的 x_1 倍,得到

$$D_n=\begin{vmatrix}1 & 1 & 1 & \cdots & 1\\ 0 & x_2-x_1 & x_3-x_1 & \cdots & x_n-x_1\\ 0 & x_2(x_2-x_1) & x_3(x_3-x_1) & \cdots & x_n(x_n-x_1)\\ \vdots & \vdots & \vdots & & \vdots\\ 0 & x_2^{n-2}(x_2-x_1) & x_3^{n-2}(x_3-x_1) & \cdots & x_n^{n-2}(x_n-x_1)\end{vmatrix}$$

将上面的行列式按第一列展开,然后把每列的公因子 (x_i-x_1) 提出去,得

$$D_n=(x_2-x_1)(x_3-x_1)\cdots(x_n-x_1)\begin{vmatrix}1 & 1 & \cdots & 1\\ x_2 & x_3 & \cdots & x_n\\ \vdots & \vdots & & \vdots\\ x_2^{n-2} & x_3^{n-2} & \cdots & x_n^{n-2}\end{vmatrix}$$

上式右端的行列式是 $n-1$ 阶的范德蒙行列式,由归纳法假设,它等于 $\prod\limits_{2\leqslant j<i\leqslant n}(x_i-x_j)$,所以得

$$D_n=(x_2-x_1)(x_3-x_1)\cdots(x_n-x_1)\prod_{2\leqslant j<i\leqslant n}(x_i-x_j)=\prod_{1\leqslant j<i\leqslant n}(x_i-x_j)$$

综上所述,结论得证.

例 11　计算行列式

$$D_{n+1}=\begin{vmatrix}a_1 & -a_1 & 0 & \cdots & 0 & 0\\ 0 & a_2 & -a_2 & \cdots & 0 & 0\\ 0 & 0 & a_3 & \cdots & 0 & 0\\ \vdots & \vdots & \vdots & & \vdots & \vdots\\ 0 & 0 & 0 & \cdots & a_n & -a_n\\ 1 & 1 & 1 & \cdots & 1 & 1\end{vmatrix}$$

解　根据 D_{n+1} 的元素的规律,可将第 $n+1$ 列加至第 n 列,第 n 列加至第 $n-1$ 列,第 $n-1$ 列加至第 $n-2$ 列,…,第二列加至第一列,得

$$D_{n+1}=\begin{vmatrix}a_1 & -a_1 & 0 & \cdots & 0 & 0\\ 0 & a_2 & -a_2 & \cdots & 0 & 0\\ 0 & 0 & a_3 & \cdots & 0 & 0\\ \vdots & \vdots & \vdots & & \vdots & \vdots\\ 0 & 0 & 0 & \cdots & a_n & -a_n\\ 1 & 1 & 1 & \cdots & 1 & 1\end{vmatrix}$$

$$
=\begin{vmatrix} a_1 & -a_1 & 0 & \cdots & 0 & 0 \\ 0 & a_2 & -a_2 & \cdots & 0 & 0 \\ 0 & 0 & a_3 & \cdots & 0 & 0 \\ \vdots & \vdots & \vdots & & \vdots & \vdots \\ 0 & 0 & 0 & \cdots & 0 & -a_n \\ 1 & 1 & 1 & \cdots & 2 & 1 \end{vmatrix}
$$

$$
=\cdots=\begin{vmatrix} 0 & -a_1 & 0 & \cdots & 0 & 0 \\ 0 & 0 & -a_2 & \cdots & 0 & 0 \\ 0 & 0 & 0 & \cdots & 0 & 0 \\ \vdots & \vdots & \vdots & & \vdots & \vdots \\ 0 & 0 & 0 & \cdots & 0 & -a_n \\ n+1 & n & n-1 & \cdots & 2 & 1 \end{vmatrix}
$$

$$
=(n+1)(-1)^{n+1+1}\begin{vmatrix} -a_1 & 0 & 0 & \cdots & 0 & 0 \\ 0 & -a_2 & 0 & \cdots & 0 & 0 \\ 0 & 0 & -a_3 & \cdots & 0 & 0 \\ \vdots & \vdots & \vdots & & \vdots & \vdots \\ 0 & 0 & 0 & \cdots & -a_{n-1} & 0 \\ 0 & 0 & 0 & \cdots & 0 & -a_n \end{vmatrix}
$$

$$
=(1+n)a_1a_2\cdots a_n
$$

三、利用加“边”法，计算行列式

例 12 计算行列式

$$
D_4=\begin{vmatrix} 1 & 1 & 1 & a_1+1 \\ 1 & 1 & a_2+1 & 1 \\ 1 & a_3+1 & 1 & 1 \\ a_4+1 & 1 & 1 & 1 \end{vmatrix}
$$

其中 $a_i \neq 0, i=1,2,3,4$.

解 利用加“边”法，把 D_4 增加一行一列，变成五阶行列式，且使其值不变(这种方法称为加“边”法)，然后利用行列式的性质进行计算.

$$
D_4=\begin{vmatrix} 1 & 1 & 1 & a_1+1 \\ 1 & 1 & a_2+1 & 1 \\ 1 & a_3+1 & 1 & 1 \\ a_4+1 & 1 & 1 & 1 \end{vmatrix}=\begin{vmatrix} 1 & 1 & 1 & 1 & 1 \\ 0 & 1 & 1 & 1 & 1+a_1 \\ 0 & 1 & 1 & 1+a_2 & 1 \\ 0 & 1 & 1+a_3 & 1 & 1 \\ 0 & 1+a_4 & 1 & 1 & 1 \end{vmatrix}
$$

$$
\xlongequal[i=2,3,4,5]{r_i-r_1}\begin{vmatrix} 1 & 1 & 1 & 1 & 1 \\ -1 & 0 & 0 & 0 & a_1 \\ -1 & 0 & 0 & a_2 & 0 \\ -1 & 0 & a_3 & 0 & 0 \\ -1 & a_4 & 0 & 0 & 0 \end{vmatrix}\xlongequal[r_4\cdot a_3^{-1},\ r_5\cdot a_4^{-1}]{r_2\cdot a_1^{-1},\ r_3\cdot a_2^{-1}}a_1a_2a_3a_4\begin{vmatrix} 1 & 1 & 1 & 1 & 1 \\ -a_1^{-1} & 0 & 0 & 0 & 1 \\ -a_2^{-1} & 0 & 0 & 1 & 0 \\ -a_3^{-1} & 0 & 1 & 0 & 0 \\ -a_4^{-1} & 1 & 0 & 0 & 0 \end{vmatrix}
$$

$$\xlongequal[\substack{r_1-r_4\\ r_1-r_5}]{\substack{r_1-r_2\\ r_1-r_3}} a_1a_2a_3a_4\begin{vmatrix} 1+\sum_{i=1}^{4}a_i^{-1} & 0 & 0 & 0 & 0 \\ -a_1^{-1} & 0 & 0 & 0 & 1 \\ -a_2^{-1} & 0 & 0 & 1 & 0 \\ -a_3^{-1} & 0 & 1 & 0 & 0 \\ -a_4^{-1} & 1 & 0 & 0 & 0 \end{vmatrix}$$

$$=a_1a_2a_3a_4(1+\sum_{i=1}^{4}a_i^{-1})\begin{vmatrix} 0 & 0 & 0 & 1 \\ 0 & 0 & 1 & 0 \\ 0 & 1 & 0 & 0 \\ 1 & 0 & 0 & 0 \end{vmatrix}$$

$$=a_1a_2a_3a_4(1+\sum_{i=1}^{4}a_i^{-1})$$

上面我们简要地介绍了计算行列式的几种常见方法. 在具体计算之前,应注意观察所给行列式是否具有某些特点,然后考虑能否利用这些特点采取相应的方法以达到简化计算的目的.

第四节　克莱姆法则

一、克莱姆法则

本节讨论有 n 个未知量 n 个方程的线性方程组

$$\begin{cases} a_{11}x_1+a_{12}x_2+\cdots+a_{1n}x_n=b_1 \\ a_{21}x_1+a_{22}x_2+\cdots+a_{2n}x_n=b_2 \\ \quad\vdots \\ a_{n1}x_1+a_{n2}x_2+\cdots+a_{nn}x_n=b_n \end{cases} \tag{18}$$

称之为 n 元线性方程组. 若右端的常数 $b_1,b_2,\cdots,b_n$ 不全为零,则称式(18) 为非齐次线性方程组;而当 $b_1,b_2,\cdots,b_n$ 全为零,则称式(18) 为齐次线性方程组. 记

$$D=\begin{vmatrix} a_{11} & a_{12} & \cdots & a_{1n} \\ a_{21} & a_{22} & \cdots & a_{2n} \\ \vdots & \vdots & & \vdots \\ a_{n1} & a_{n2} & \cdots & a_{nn} \end{vmatrix}$$

为线性方程组的系数行列式,又记

$$D_j=\begin{vmatrix} a_{11} & \cdots & a_{1,j-1} & b_1 & a_{1,j+1} & \cdots & a_{1n} \\ a_{21} & \cdots & a_{2,j-1} & b_2 & a_{2,j+1} & \cdots & a_{2n} \\ \vdots & & \vdots & \vdots & \vdots & & \vdots \\ a_{n1} & \cdots & a_{n,j-1} & b_n & a_{n,j+1} & \cdots & a_{nn} \end{vmatrix},\qquad j=1,2,\cdots,n$$

是用方程右端的常数项 $b_1,b_2,\cdots,b_n$ 来替换系数行列式 D 中的第 j 列的元素而得到的行列式.

定理 2(克莱姆法则) 如果线性方程组(18)的系数行列式 $D\neq 0$,则方程组有唯一解,其解为

$$x_1=\frac{D_1}{D},\quad x_2=\frac{D_2}{D},\quad \cdots,\quad x_n=\frac{D_n}{D} \tag{19}$$

证明 先证式(19)是线性方程组(18)的解. 为此只要验证式(19)满足线性方程组(18)中的每一个方程,即证对任意 $i(i=1,2,\cdots,n)$ 有

$$a_{i1}\frac{D_1}{D}+a_{i2}\frac{D_2}{D}+\cdots+a_{in}\frac{D_n}{D}=b_i$$

或

$$a_{i1}D_1+a_{i2}D_2+\cdots+a_{in}D_n=b_iD \tag{20}$$

现将每个 $D_j(j=1,2,\cdots,n)$ 按第 j 列展开,有

$$D_j=b_1A_{1j}+b_2A_{2j}+\cdots+b_nA_{nj}$$

并将它代到式(20)的左边,即有

$$\begin{aligned}&a_{i1}D_1+a_{i2}D_2+\cdots+a_{in}D_n\\&=a_{i1}(b_1A_{11}+b_2A_{21}+\cdots+b_nA_{n1})\\&\quad+a_{i2}(b_1A_{12}+b_2A_{22}+\cdots+b_nA_{n2})+\cdots\\&\quad+a_{in}(b_1A_{1n}+b_2A_{2n}+\cdots+b_nA_{nn})\\&=b_1(a_{i1}A_{11}+a_{i2}A_{12}+\cdots+a_{in}A_{1n})\\&\quad+b_2(a_{i1}A_{21}+a_{i2}A_{22}+\cdots+a_{in}A_{2n})+\cdots\\&\quad+b_i(a_{i1}A_{i1}+a_{i2}A_{i2}+\cdots+a_{in}A_{in})+\cdots\\&\quad+b_n(a_{i1}A_{n1}+a_{i2}A_{n2}+\cdots+a_{in}A_{nn})\\&=b_iD\end{aligned}$$

其中最后一个等式应用了本章性质 6 的结论.

再证线性方程组解的唯一性.

设 $x_1=\lambda_1,x_2=\lambda_2,\cdots,x_n=\lambda_n$ 为线性方程组的任一解,证明必有

$$\lambda_1=\frac{D_1}{D},\quad \lambda_2=\frac{D_2}{D},\quad \cdots,\quad \lambda_n=\frac{D_n}{D} \tag{21}$$

因为 $\lambda_1,\lambda_2,\cdots,\lambda_n$ 是线性方程组(18)的一个解,所以它满足式(18),即

$$a_{i1}\lambda_1+a_{i2}\lambda_2+\cdots+a_{in}\lambda_n=b_i,\qquad i=1,2,\cdots,n$$

从而由行列式的性质 3 和性质 5 知

$$\lambda_1D=\begin{vmatrix}a_{11}\lambda_1 & a_{12} & \cdots & a_{1n}\\a_{21}\lambda_1 & a_{22} & \cdots & a_{2n}\\\vdots & \vdots & & \vdots\\a_{n1}\lambda_1 & a_{n2} & \cdots & a_{nn}\end{vmatrix}$$

$$\xlongequal[j=2,3,\cdots,n]{c_1+\lambda_jc_j}\begin{vmatrix}a_{11}\lambda_1+a_{12}\lambda_2+\cdots+a_{1n}\lambda_n & a_{12} & \cdots & a_{1n}\\a_{21}\lambda_1+a_{22}\lambda_2+\cdots+a_{2n}\lambda_n & a_{22} & \cdots & a_{2n}\\\vdots & \vdots & & \vdots\\a_{n1}\lambda_1+a_{n2}\lambda_2+\cdots+a_{nn}\lambda_n & a_{n2} & \cdots & a_{nn}\end{vmatrix}$$

$$=\begin{vmatrix} b_1 & a_{12} & \cdots & a_{1n} \\ b_2 & a_{22} & \cdots & a_{2n} \\ \vdots & \vdots & & \vdots \\ b_n & a_{n2} & \cdots & a_{nn} \end{vmatrix}=D_1$$

即

$$\lambda_1=\frac{D_1}{D}$$

同理可证 $\lambda_j D=D_j$，即 $\lambda_j=\dfrac{D_j}{D}$，$j=2,3,\cdots,n$. 所以线性方程组(18)的解是唯一的.

用克莱姆法则求解 n 元线性方程组，必须满足以下条件：

(1) 方程组中方程的个数与未知量的个数相等；

(2) 方程组的系数行列式不等于零(即 $D\neq 0$).

例 13 求解线性方程组

$$\begin{cases} x_1-x_2+x_3-2x_4=2 \\ 2x_1-x_3+4x_4=4 \\ 3x_1+2x_2+x_3=-1 \\ -x_1+2x_2-x_3+2x_4=-4 \end{cases}$$

解 由于线性方程组有 4 个方程、4 个未知数，又

$$D=\begin{vmatrix} 1 & -1 & 1 & -2 \\ 2 & 0 & -1 & 4 \\ 3 & 2 & 1 & 0 \\ -1 & 2 & -1 & 2 \end{vmatrix}=-2\neq 0$$

根据克莱姆法则，此线性方程组有唯一解.

因为

$$D_1=\begin{vmatrix} 2 & -1 & 1 & -2 \\ 4 & 0 & -1 & 4 \\ -1 & 2 & 1 & 0 \\ -4 & 2 & -1 & 2 \end{vmatrix}=-2$$

$$D_2=\begin{vmatrix} 1 & 2 & 1 & -2 \\ 2 & 4 & -1 & 4 \\ 3 & -1 & 1 & 0 \\ -1 & -4 & -1 & 2 \end{vmatrix}=4$$

$$D_3=\begin{vmatrix} 1 & -1 & 2 & -2 \\ 2 & 0 & 4 & 4 \\ 3 & 2 & -1 & 0 \\ -1 & 2 & -4 & 2 \end{vmatrix}=0$$

$$D_4=\begin{vmatrix}1&-1&1&2\\2&0&-1&4\\3&2&1&-1\\-1&2&-1&-4\end{vmatrix}=-1$$

于是此方程组的解为

$$x_1=\frac{D_1}{D}=1,\quad x_2=\frac{D_2}{D}=-2,\quad x_3=\frac{D_3}{D}=0,\quad x_4=\frac{D_4}{D}=\frac{1}{2}$$

对于线性方程组(18)，每个未知数的值都等于零的解称为零解；反之，至少有一个未知数不等于零的解称为非零解.

任何齐次线性方程组总是有解的，因为它至少有零解. 那么齐次线性方程组在什么情况下才有非零解呢？由克莱姆法则可知，方程个数与未知量个数相等的齐次线性方程组，当它的系数行列式 $D\neq 0$ 时，方程组有唯一零解，所以齐次线性方程组有非零解的必要条件是系数行列式 $D=0$. 以后还可以证明 $D=0$ 也是齐次线性方程组有非零解的充分条件.

例 14 讨论 λ 为何值时，齐次线性方程组

$$\begin{cases}\lambda x_1+x_2+x_3=0\\x_1+\lambda x_2+x_3=0\\x_1+x_2+\lambda x_3=0\end{cases}\tag{22}$$

有非零解.

解 因为方程组的系数行列式

$$D=\begin{vmatrix}\lambda&1&1\\1&\lambda&1\\1&1&\lambda\end{vmatrix}=(\lambda+2)(\lambda-1)^2$$

所以当 $D=0$，即 $(\lambda+2)(\lambda-1)^2=0$，解得 $\lambda=-2$ 或 $\lambda=1$ 时，齐次线性方程组(22)有非零解.

二、应用问题

克莱姆法则是线性方程组理论中的一个重要结果，它不仅给出了线性方程组(18)有唯一解的条件和方程组解的具体表达式，并且还揭示了方程组的解与系数及常数项之间的关系，这在更一般方程组的研究中将起到很重要的作用. 此外，在实际问题中还会碰到系数行列式 $D=0$，以及方程个数与未知量个数不相等的线性方程组. 第三章将对最一般形式的线性方程组作进一步的研究.

为理解齐次线性方程组有非零解的充要条件在实际问题中的应用，考虑如下两个问题.

1. 联合收入问题

例 15 已知 X,Y,Z 三家公司有如下图所示的股份关系，即 X 公司掌握 Z 公司 50% 的股份，Y 公司 70% 的股份，Z 公司掌握 X 公司 30% 的股份，而 X 公司的 70% 的股份不受控制等等.

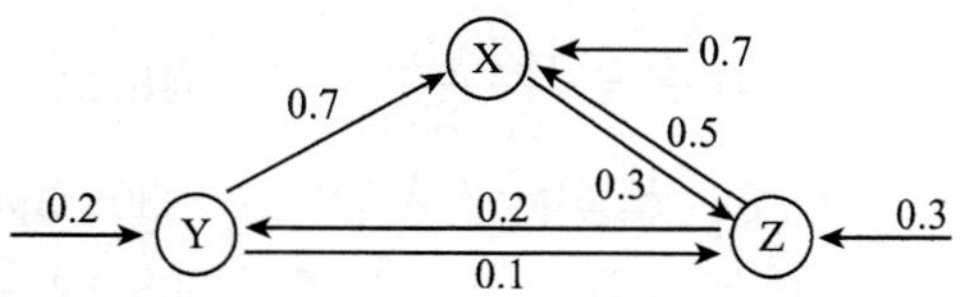

现设 X,Y,Z 三家公司各自的营业收入分别为 12 万元、10 万元、8 万元，每家公司的联合收入是其净收入加上在其他公司股份按比例的提成收入，试确定各公司的联合收入及实际收入.

解 依图所示的各公司的股份比例可知，若设 X,Y,Z 三公司的联合收入分别为 x,y,z，则其实际收入分别为 $0.7x,0.2y,0.3z$，故可先求各公司的联合收入.

因为公司的联合收入由两部分组成，即公司的营业收入及从其他公司的提成收入，故对每个公司都可列出一个相应的方程.

对 X 公司，其相应的方程为

$$x=120\ 000+0.7y+0.5z$$

Y 公司相应的收入方程为

$$y=100\ 000+0.2z$$

Z 公司相应的收入方程为

$$z=80\ 000+0.3x+0.1y$$

由此可得线性方程组

$$\begin{cases}x-0.7y-0.5z=120\ 000\\y-0.2z=100\ 000\\-0.3x-0.1y+z=80\ 000\end{cases}$$

因为系数行列式

$$D=\begin{vmatrix}1&-0.7&-0.5\\0&1&-0.2\\-0.3&-0.1&1\end{vmatrix}=0.788\neq 0$$

故由克莱姆规则可知，方程组有唯一解. 由于

$$D_1=\begin{vmatrix}120\ 000&-0.7&-0.5\\100\ 000&1&-0.2\\80\ 000&-0.1&1\end{vmatrix}=243\ 800$$

$$D_2=\begin{vmatrix}1&120\ 000&-0.5\\0&100\ 000&-0.2\\-0.3&80\ 000&1\end{vmatrix}=108\ 200$$

$$D_3=\begin{vmatrix}1&-0.7&120\ 000\\0&1&100\ 000\\-0.3&-0.1&80\ 000\end{vmatrix}=147\ 000$$

解得

$$x=\frac{D_1}{D}=\frac{243\ 800}{0.788}=309\ 390.86$$

$$y=\frac{D_2}{D}=\frac{108\ 200}{0.788}=137\ 309.64$$

$$z=\frac{D_3}{D}=\frac{147\ 000}{0.788}=186\ 548.22$$

即 X 公司的联合收入为 309 390.86 元，实际收入为 $0.7\times 309\ 390.86=216\ 573.60$(元)；$Y$ 公司的联合收入为 137 309.64 元，实际收入为 $0.2\times 137\ 309.64=27\ 461.93$(元)；$Z$ 公司的

联合收入为 186 548.22 元,实际收入为 0.3 × 186 548.22 = 55 964.47(元).

2. 行星轨道问题

平面上的圆锥曲线对应于一个二元二次方程,其一般形式可写为

$$a_1x^2+a_2xy+a_3y^2+a_4x+a_5y+a_6=0$$

这个方程含有六个待定系数,其中独立的系数只有五个. 确定这五个系数需要五个方程,因此只需五个点就可确定圆锥曲线的方程.

设平面上有五个不共线的点 (x_1,y_1),(x_2,y_2),(x_3,y_3),(x_4,y_4),(x_5,y_5),因此圆锥曲线满足方程组

$$\begin{cases}a_1x^2+a_2xy+a_3y^2+a_4x+a_5y+a_6=0\\a_1x_1^2+a_2x_1y_1+a_3y_1^2+a_4x_1+a_5y_1+a_6=0\\a_1x_2^2+a_2x_2y_2+a_3y_2^2+a_4x_2+a_5y_2+a_6=0\\a_1x_3^2+a_2x_3y_3+a_3y_3^2+a_4x_3+a_5y_3+a_6=0\\a_1x_4^2+a_2x_4y_4+a_3y_4^2+a_4x_4+a_5y_4+a_6=0\\a_1x_5^2+a_2x_5y_5+a_3y_5^2+a_4x_5+a_5y_5+a_6=0\end{cases}$$

这是一个关于 a_1,a_2,a_3,a_4,a_5,a_6 的齐次线性方程组. 由于 a_1,a_2,a_3,a_4,a_5,a_6 不全为零,即方程组有非零解,故此方程组的系数行列式必为零,即有

$$\begin{vmatrix}x^2&xy&y^2&x&y&1\\x_1^2&x_1y_1&y_1^2&x_1&y_1&1\\x_2^2&x_2y_2&y_2^2&x_2&y_2&1\\x_3^2&x_3y_3&y_3^2&x_3&y_3&1\\x_4^2&x_4y_4&y_4^2&x_4&y_4&1\\x_5^2&x_5y_5&y_5^2&x_5&y_5&1\end{vmatrix}=0$$

此行列式就是通过五点 (x_1,y_1),(x_2,y_2),(x_3,y_3),(x_4,y_4),(x_5,y_5) 的圆锥曲线的方程.

例如,天文学家为确定一颗小行星的绕太阳运行的轨道,在其轨道平面内建立一个以太阳为原点的直角坐标系,取天文测量单位为坐标轴的单位(1 天文测量单位为地球到太阳的平均距离). 在不同时间对作五次观测,测得轨道上五个点的坐标分别为(5.764,0.648),(6.286,1.202),(6.759,1.823),(7.168,2.526),(7.480,3.360).

由开普勒第一定律知,小行星运行轨道为一椭圆,将测得的轨道上五个点的坐标代入行列式方程有

$$\begin{vmatrix}x^2&xy&y^2&x&y&1\\5.764^2&5.764\times0.648&0.648^2&5.764&0.648&1\\6.286^2&6.286\times1.202&1.202^2&6.286&1.202&1\\6.759^2&6.759\times1.823&1.823^2&6.759&1.823&1\\7.168^2&7.168\times2.526&2.526^2&7.168&2.526&1\\7.480^2&7.480\times3.360&3.360^2&7.480&3.360&1\end{vmatrix}$$

$$=\begin{vmatrix} x^2 & xy & y^2 & x & y & 1 \\ 33.224 & 3.735 & 0.420 & 5.764 & 0.648 & 1 \\ 39.514 & 7.556 & 1.445 & 6.286 & 1.202 & 1 \\ 45.684 & 12.322 & 3.323 & 6.759 & 1.823 & 1 \\ 51.380 & 18.106 & 6.381 & 7.168 & 2.526 & 1 \\ 55.950 & 25.133 & 11.290 & 7.480 & 3.360 & 1 \end{vmatrix}=0$$

展开并化简后得

$$x^2-1.04xy+1.30y^2-3.90x-2.93y-5.49=0$$

习 题 一

1. 计算下列行列式：

(1) $\begin{vmatrix} 3 & 6 \\ 4 & 5 \end{vmatrix}$；　(2) $\begin{vmatrix} 2 & 0 & 1 \\ 1 & -4 & -1 \\ -1 & 8 & 3 \end{vmatrix}$；

(3) $\begin{vmatrix} 0 & x & y \\ -x & 0 & z \\ -y & -z & 0 \end{vmatrix}$；　(4) $\begin{vmatrix} a & b & c \\ b & c & a \\ c & a & b \end{vmatrix}$.

2. 利用三阶行列式解三元一次方程组

$$\begin{cases} x_1-2x_2+x_3=1 \\ 4x_1-3x_2+x_3=3 \\ 2x_1-5x_2-3x_3=-9 \end{cases}$$

3. 计算下列行列式：

(1) $\begin{vmatrix} 4 & 1 & 2 & 4 \\ 1 & 2 & 0 & 2 \\ 10 & 5 & 2 & 0 \\ 0 & 1 & 1 & 7 \end{vmatrix}$；　(2) $\begin{vmatrix} x+y & y & x \\ x & x+y & y \\ y & x & x+y \end{vmatrix}$；

(3) $\begin{vmatrix} ae & ac & -ab \\ de & -cd & bd \\ -ef & cf & bf \end{vmatrix}$；　(4) $\begin{vmatrix} a & 1 & 0 & 0 \\ -1 & b & 1 & 0 \\ 0 & -1 & c & 1 \\ 0 & 0 & -1 & d \end{vmatrix}$.

4. 证明下列等式：

(1) $\begin{vmatrix} x_1+y_1 & y_1+z_1 & z_1+x_1 \\ x_2+y_2 & y_2+z_2 & z_2+x_2 \\ x_3+y_3 & y_3+z_3 & z_3+x_3 \end{vmatrix}=2\begin{vmatrix} x_1 & y_1 & z_1 \\ x_2 & y_2 & z_2 \\ x_3 & y_3 & z_3 \end{vmatrix}$；

(2) $\begin{vmatrix} a^2 & (a+1)^2 & (a+2)^2 & (a+3)^2 \\ b^2 & (b+1)^2 & (b+2)^2 & (b+3)^2 \\ c^2 & (c+1)^2 & (c+2)^2 & (c+3)^2 \\ d^2 & (d+1)^2 & (d+2)^2 & (d+3)^2 \end{vmatrix}=0$；

(3) $\begin{vmatrix} 1 & 1 & 1 & 1 \\ a & b & c & d \\ a^2 & b^2 & c^2 & d^2 \\ a^4 & b^4 & c^4 & d^4 \end{vmatrix} = (a-b)(a-c)(a-d)(b-c)(b-d)(c-d)(a+b+c+d).$

5. 计算下列行列式：

(1) $\begin{vmatrix} 1+a & 1 & 1 & 1 \\ 1 & 1-a & 1 & 1 \\ 1 & 1 & 1+b & 1 \\ 1 & 1 & 1 & 1-b \end{vmatrix}$，其中 $ab \neq 0$；

(2) $D_n = \begin{vmatrix} 1 & 2 & 2 & \cdots & 2 & 2 \\ 2 & 2 & 2 & \cdots & 2 & 2 \\ 2 & 2 & 3 & \cdots & 2 & 2 \\ \vdots & \vdots & \vdots & & \vdots & \vdots \\ 2 & 2 & 2 & \cdots & n-1 & 2 \\ 2 & 2 & 2 & \cdots & 2 & n \end{vmatrix}$；

(3) $D_{2n} = \begin{vmatrix} a_n & & & & & b_n \\ & \ddots & & & \iddots & \\ & & a_1 & b_1 & & \\ & & c_1 & d_1 & & \\ & \iddots & & & \ddots & \\ c_n & & & & & d_n \end{vmatrix}$，其中未写出的元素都是 0；

(4) $D_n = \begin{vmatrix} x & y & 0 & \cdots & 0 & 0 \\ 0 & x & y & \cdots & 0 & 0 \\ 0 & 0 & x & \cdots & 0 & 0 \\ \vdots & \vdots & \vdots & & \vdots & \vdots \\ 0 & 0 & 0 & \cdots & x & y \\ y & 0 & 0 & \cdots & 0 & x \end{vmatrix}$.

(5) 证明

$$\begin{vmatrix} x & -1 & 0 & \cdots & 0 & 0 \\ 0 & x & -1 & \cdots & 0 & 0 \\ \cdots & \cdots & \cdots & \cdots & \cdots & \cdots \\ 0 & 0 & 0 & \cdots & x & -1 \\ a_n & a_{n-1} & a_{n-2} & \cdots & a_2 & x+a_1 \end{vmatrix} = x^n + a_1 x^{n-1} + \cdots + a_{n-1}x + a_n$$

6. 用克莱姆法则解下列方程组：

(1) $\begin{cases} x_2 + 2x_3 = 1 \\ x_1 + x_2 + 4x_3 = 1; \\ 2x_1 - x_2 = 2 \end{cases}$

(2) $\begin{cases}2x_1+x_2-5x_3+x_4=8\\x_1-3x_2-6x_4=9\\2x_2-x_3+2x_4=-5\\x_1+4x_2-7x_3+6x_4=0\end{cases}$.

7. 问 λ,μ 取何值时,齐次线性方程组

$$\begin{cases}\lambda x_1+x_2+x_3=0\\x_1+\mu x_2+x_3=0\\x_1+2\mu x_2+x_3=0\end{cases}$$

有非零解?

8. 问 λ 取何值时,齐次线性方程组

$$\begin{cases}(1-\lambda)x_1-2x_2+4x_3=0\\2x_1+(3-\lambda)x_2+x_3=0\\x_1+x_2+(1-\lambda)x_3=0\end{cases}$$

有非零解?

第二章　矩　阵

矩阵是线性代数的一个重要的基本概念和数学工具，广泛应用于自然科学的各个分支及药物分析、经济管理等许多领域. 在这一章里，我们将介绍矩阵的运算、方阵的行列式、可逆矩阵、矩阵的初等变换等关于矩阵的基本理论. 这些内容是学习后面各章的基础.

第一节　矩阵的概念

一、引例

例 1　假设我们要记录 4 名学生甲、乙、丙、丁的 3 门课程(数学、语文、英语)的期末考试成绩，可如表 2－1 所示：

表 2－1　考试成绩单

学生＼成绩＼课程	数　学	语　文	英　语
甲	90	86	95
乙	78	80	70
丙	92	93	96
丁	66	72	73

更简单地，可将这个表记为下面的形式：

$$\begin{bmatrix} 90 & 86 & 95 \\ 78 & 80 & 70 \\ 92 & 93 & 96 \\ 66 & 72 & 73 \end{bmatrix}$$

例 2　设有 m 个方程，n 个未知量的线性方程组

$$\begin{cases} a_{11}x_1 + a_{12}x_2 + \cdots + a_{1n}x_n = b_1 \\ a_{21}x_1 + a_{22}x_2 + \cdots + a_{2n}x_n = b_2 \\ \qquad\vdots \\ a_{m1}x_1 + a_{m2}x_2 + \cdots + a_{mn}x_n = b_m \end{cases}$$

未知量的系数和常数项按原来的次序可以排成一个矩形数表

$$\begin{bmatrix} a_{11} & a_{12} & \cdots & a_{1n} & b_1 \\ a_{21} & a_{22} & \cdots & a_{2n} & b_2 \\ \vdots & \vdots & & \vdots & \vdots \\ a_{m1} & a_{m2} & & a_{mn} & b_m \end{bmatrix}$$

这个矩阵数表可以明确地把线性方程组的特征表示出来.

上述矩形数表中的每一个元素都不能随意变动,它们都有各自的意义.

二、矩阵的定义

定义 1 由 $m\times n$ 个数 $a_{ij}(i=1,2,\cdots,m;j=1,2,\cdots,n)$ 排成的 m 行 n 列矩形数表称为 $m\times n$ 矩阵. 为表示它是一个整体,总是加一个括弧,并用大写黑体字母表示它,记作

$$\boldsymbol{A}=\begin{bmatrix} a_{11} & a_{12} & \cdots & a_{1n} \\ a_{21} & a_{22} & \cdots & a_{2n} \\ \vdots & \vdots & & \vdots \\ a_{m1} & a_{m2} & \cdots & a_{mn} \end{bmatrix}$$

其中 a_{ij} 称为矩阵 $\boldsymbol{A}$ 的第 i 行第 j 列的元素.

有时用 $\boldsymbol{A}_{m\times n}$ 或 $\boldsymbol{A}=(a_{ij})_{m\times n}$ 表示一个 m 行 n 列的矩阵,其中有以下 4 种特例:

(1) 当 $m=n$ 时,矩阵 $\boldsymbol{A}$ 称为 n 阶方阵;

(2) 当 $m=1$ 时,矩阵 $\boldsymbol{A}$ 称为行矩阵,又称行向量,即

$$\boldsymbol{A}=\begin{bmatrix} a_{11} & a_{12} & \cdots & a_{1n} \end{bmatrix}$$

(3) 当 $n=1$ 时,矩阵 $\boldsymbol{A}$ 称为列矩阵,又称列向量,即

$$\boldsymbol{A}=\begin{bmatrix} a_{11} \\ a_{21} \\ \vdots \\ a_{m1} \end{bmatrix}$$

(4) 当 $a_{ij}=0(i=1,2,\cdots,m;j=1,2,\cdots,n)$ 时,称 $\boldsymbol{A}$ 为零矩阵,一般记为 $\boldsymbol{O}_{m\times n}$ 或 $\boldsymbol{O}$.

第二节 矩阵的运算及其性质

定义 2 若矩阵 $\boldsymbol{A}$ 和矩阵 $\boldsymbol{B}$ 的行数、列数分别相等,则称 $\boldsymbol{A},\boldsymbol{B}$ 为同型矩阵.

定义 3 若矩阵 $\boldsymbol{A}=(a_{ij})$ 和矩阵 $\boldsymbol{B}=(b_{ij})$ 为同型矩阵,并且对应的元素都相等,即 $a_{ij}=b_{ij}(i=1,2,\cdots,m;j=1,2,\cdots,n)$,则称矩阵 $\boldsymbol{A}$ 与矩阵 $\boldsymbol{B}$ 相等,记为 $\boldsymbol{A}=\boldsymbol{B}$.

一、矩阵的加法

定义 4 设有两个 $m\times n$ 矩阵 $\boldsymbol{A}=(a_{ij})$ 和 $\boldsymbol{B}=(b_{ij})$,那么矩阵 $\boldsymbol{A}$ 与 $\boldsymbol{B}$ 的和记作 $\boldsymbol{A}+\boldsymbol{B}$,规定为

$$\boldsymbol{A}+\boldsymbol{B}=\begin{bmatrix} a_{11}+b_{11} & a_{12}+b_{12} & \cdots & a_{1n}+b_{1n} \\ a_{21}+b_{21} & a_{22}+b_{22} & \cdots & a_{2n}+b_{2n} \\ \vdots & \vdots & & \vdots \\ a_{m1}+b_{m1} & a_{m2}+b_{m2} & \cdots & a_{mn}+b_{mn} \end{bmatrix}$$

应该注意,只有当两个矩阵是同型矩阵时,这两个矩阵才能进行加法运算.

矩阵的加法满足下列运算规律(设 $\boldsymbol{A},\boldsymbol{B},\boldsymbol{C}$ 都是 $m\times n$ 矩阵):

(1) 交换律:$\boldsymbol{A}+\boldsymbol{B}=\boldsymbol{B}+\boldsymbol{A}$;

(2) 结合律:$(\boldsymbol{A}+\boldsymbol{B})+\boldsymbol{C}=\boldsymbol{A}+(\boldsymbol{B}+\boldsymbol{C})$;

(3) $\boldsymbol{O}+\boldsymbol{A}=\boldsymbol{A}+\boldsymbol{O}=\boldsymbol{A}$.

定义 5　设 $\boldsymbol{A}=(a_{ij})$,则$(-a_{ij})$称为 $\boldsymbol{A}$ 的负矩阵,记作 $-\boldsymbol{A}$.

定义 6　矩阵减法为

$$\boldsymbol{A}-\boldsymbol{B}=\boldsymbol{A}+(-\boldsymbol{B})=(a_{ij}-b_{ij})$$

显然有

$$\boldsymbol{A}-\boldsymbol{A}=\boldsymbol{A}+(-\boldsymbol{A})=\boldsymbol{O}$$

二、数与矩阵的乘法(数乘)

定义 7　数 λ 与矩阵 $\boldsymbol{A}=(a_{ij})$ 的乘积记作 $\lambda\boldsymbol{A}$ 或 $\boldsymbol{A}\lambda$,规定为

$$\lambda\boldsymbol{A}=\boldsymbol{A}\lambda=\begin{bmatrix}\lambda a_{11} & \lambda a_{12} & \cdots & \lambda a_{1n}\\ \lambda a_{21} & \lambda a_{22} & \cdots & \lambda a_{2n}\\ \vdots & \vdots & & \vdots\\ \lambda a_{m1} & \lambda a_{m2} & \cdots & \lambda a_{mn}\end{bmatrix}$$

数乘矩阵满足下列运算规律(设 $\boldsymbol{A},\boldsymbol{B}$ 为 $m\times n$ 矩阵,λ,μ 为数):

(1) $(\lambda\mu)\boldsymbol{A}=\lambda(\mu\boldsymbol{A})$;

(2) $(\lambda+\mu)\boldsymbol{A}=\lambda\boldsymbol{A}+\mu\boldsymbol{A}$;

(3) $\lambda(\boldsymbol{A}+\boldsymbol{B})=\lambda\boldsymbol{A}+\lambda\boldsymbol{B}$.

矩阵相加与数乘矩阵合起来,统称为矩阵的线性运算.

三、矩阵与矩阵相乘

为理解矩阵乘法运算的来源和定义,考虑如下农产品收购及运输问题.

例 3　某乡有三个村,今年的农作物产量如表 2－2 所示:

表 2－2　农作物产量　　(单位:t)

作物 / 村名	小　麦	玉　米	大　豆	棉　花
一村	600	800	400	30
二村	550	700	500	20
三村	500	600	600	40

县城粮库要来收购,不同作物的运输价格及收购价格表 2－3 所示:

表 2－3　农作物运输及收购价格　　(单位:元 /t)

项目 / 作物	运输价格	收购价格
小　麦	12	1 200
玉　米	10	1 000
大　豆	11	1 500
棉　花	90	8 000

有关部门要统计各村的运输费用及收购费用，应如何列表表示？

解 各村的运输费用是各类农产品的单位运费与项目总量乘积的和，收购费用则是各类农产品的收购价与项目总量乘积的和. 以一村为例：

一村的运输费用＝(小麦的项目总量)×(小麦的单位运费)
＋(玉米的项目总量)×(玉米的单位运费)
＋(大豆的项目总量)×(大豆的单位运费)
＋(棉花的项目总量)×(棉花的单位运费)
$=600\times 12+800\times 10+400\times 11+30\times 90=22\ 300$

一村的收购费用＝(小麦的项目总量)×(小麦的收购价格)
＋(玉米的项目总量)×(玉米的收购价格)
＋(大豆的项目总量)×(大豆的收购价格)
＋(棉花的项目总量)×(棉花的收购价格)
$=600\times 1\ 200+800\times 1\ 000+400\times 1\ 500+30\times 8\ 000=2\ 360\ 000$

显然，如此计算显得杂乱，且计算结果也不直接表示成简洁的列表形式. 为此，考虑利用矩阵来表示上述运算. 将表 2－2，2－3 分别表示矩阵形式有

$$\text{产量矩阵}=\boldsymbol{A}=\begin{bmatrix}600 & 800 & 400 & 30\\550 & 700 & 500 & 20\\500 & 600 & 600 & 40\end{bmatrix},\quad \text{价格矩阵}=\boldsymbol{B}=\begin{bmatrix}12 & 1\ 200\\10 & 1\ 000\\11 & 1\ 500\\90 & 8\ 000\end{bmatrix}$$

则一村的运输费用和收购费用对应于对矩阵 $\boldsymbol{A},\boldsymbol{B}$ 的行列作相应计算.

一村的运输费用为 $\boldsymbol{A}$ 的第一行与 $\boldsymbol{B}$ 的第一列的对应元素相乘再累加，即

$$\begin{bmatrix}600 & 800 & 400 & 30\end{bmatrix}\begin{bmatrix}12\\10\\11\\90\end{bmatrix}=600\times 12+800\times 10+400\times 11+30\times 90=22\ 300$$

一村的收购费用为 $\boldsymbol{A}$ 的第一行与 $\boldsymbol{B}$ 的第二列的对应元素相乘再累加，即

$$\begin{bmatrix}600 & 800 & 400 & 30\end{bmatrix}\begin{bmatrix}1\ 200\\1\ 000\\1\ 500\\8\ 000\end{bmatrix}=600\times 1\ 200+800\times 1\ 000+400\times 1\ 500+30\times 8\ 000=2\ 360\ 000$$

二村、三村的运输费用和收购费用可对应于对矩阵 $\boldsymbol{A},\boldsymbol{B}$ 的行列作类似的计算.

将矩阵 $\boldsymbol{A},\boldsymbol{B}$ 放在一起，并按如上规则进行计算便可较方便地求得运输费用及收购费用矩阵 $\boldsymbol{C}$，即

$$\boldsymbol{C}=\begin{bmatrix}600 & 800 & 400 & 30\\550 & 700 & 500 & 20\\500 & 600 & 600 & 40\end{bmatrix}\begin{bmatrix}12 & 1\ 200\\10 & 1\ 000\\11 & 1\ 500\\90 & 8\ 000\end{bmatrix}=\begin{bmatrix}223\ 000 & 2\ 360\ 000\\209\ 000 & 2\ 270\ 000\\222\ 000 & 2\ 420\ 000\end{bmatrix}$$

以上矩阵可表示成如表 2－4 所示：

表 2－4　运输费用及收购费用列表　　**(单位:元)**

村名＼费用类别	运输费用	收购费用
一村	223 000	2 360 000
二村	209 000	2 270 000
三村	222 000	2 420 000

设 $x_1,x_2,\cdots,x_m;y_1,y_2,\cdots,y_n;z_1,z_2,\cdots,z_s$ 是三组变量，它们之间满足如下关系：

$$\begin{cases} x_1=\sum\limits_{i=1}^{n}a_{1i}y_i=a_{11}y_1+a_{12}y_2+\cdots+a_{1n}y_n \\ x_2=\sum\limits_{i=1}^{n}a_{2i}y_i=a_{21}y_1+a_{22}y_2+\cdots+a_{2n}y_n \\ \vdots \\ x_m=\sum\limits_{i=1}^{n}a_{mi}y_i=a_{m1}y_1+a_{m2}y_2+\cdots+a_{mn}y_n \end{cases} \tag{1}$$

$$\begin{cases} y_1=\sum\limits_{j=1}^{s}b_{1j}z_j=b_{11}z_1+b_{12}z_2+\cdots+b_{1s}z_s \\ y_2=\sum\limits_{j=1}^{s}b_{2j}z_j=b_{21}z_1+b_{22}z_2+\cdots+b_{2s}z_s \\ \vdots \\ y_i=\sum\limits_{j=1}^{s}b_{ij}z_j=b_{i1}z_1+b_{i2}z_2+\cdots+b_{is}z_s \\ \vdots \\ y_n=\sum\limits_{j=1}^{s}b_{nj}z_j=b_{n1}z_1+b_{n2}z_2+\cdots+b_{ns}z_s \end{cases} \tag{2}$$

现已知 $z_1,z_2,\cdots,z_s$ 的一组值，要计算对应 $x_1,x_2,\cdots,x_m$ 的值.

显然，由式(2)可计算出 $y_1,y_2,\cdots,y_n$ 的值，再代入式(1)便可求出 $x_1,x_2,\cdots,x_m$ 的值. 由“$\sum$”号的性质，这种换算关系可写成

$$\begin{cases} x_1=\sum\limits_{i=1}^{n}a_{1i}y_i=\sum\limits_{i=1}^{n}a_{1i}\left(\sum\limits_{j=1}^{s}b_{ij}z_j\right)=\sum\limits_{i=1}^{n}\sum\limits_{j=1}^{s}a_{1i}b_{ij}z_j=\sum\limits_{j=1}^{s}\left(\sum\limits_{i=1}^{n}a_{1i}b_{ij}\right)z_j \\ x_2=\sum\limits_{i=1}^{n}a_{2i}y_i=\sum\limits_{i=1}^{n}a_{2i}\left(\sum\limits_{j=1}^{s}b_{ij}z_j\right)=\sum\limits_{i=1}^{n}\sum\limits_{j=1}^{s}a_{2i}b_{ij}z_j=\sum\limits_{j=1}^{s}\left(\sum\limits_{i=1}^{n}a_{2i}b_{ij}\right)z_j \\ \vdots \\ x_m=\sum\limits_{i=1}^{n}a_{mi}y_i=\sum\limits_{i=1}^{n}a_{mi}\left(\sum\limits_{j=1}^{s}b_{ij}z_j\right)=\sum\limits_{i=1}^{n}\sum\limits_{j=1}^{s}a_{mi}b_{ij}z_j=\sum\limits_{j=1}^{s}\left(\sum\limits_{i=1}^{n}a_{mi}b_{ij}\right)z_j \end{cases} \tag{3}$$

上述关系式虽然指出了 $x_1,x_2,\cdots,x_m$ 与 $z_1,z_2,\cdots,z_s$ 间的换算关系，但由其作实际计算却不够直观清晰，为此考虑利用矩阵来表达上述换算关系.

记

$$\boldsymbol{X}=\begin{bmatrix}x_1\\x_2\\\vdots\\x_m\end{bmatrix},\quad \boldsymbol{Y}=\begin{bmatrix}y_1\\y_2\\\vdots\\y_n\end{bmatrix},\quad \boldsymbol{Z}=\begin{bmatrix}z_1\\z_2\\\vdots\\z_s\end{bmatrix}$$

$$\boldsymbol{A}=\begin{bmatrix}a_{11}&a_{12}&\cdots&a_{1n}\\a_{21}&a_{22}&\cdots&b_{2n}\\\vdots&\vdots&&\vdots\\a_{m1}&a_{m2}&\cdots&a_{mn}\end{bmatrix},\quad \boldsymbol{B}=\begin{bmatrix}b_{11}&b_{12}&\cdots&b_{1s}\\b_{21}&b_{22}&\cdots&b_{2s}\\\vdots&\vdots&&\vdots\\b_{n1}&b_{n2}&\cdots&b_{ns}\end{bmatrix}$$

若定义

$$\begin{bmatrix}b_{j1}&b_{j2}&\cdots&b_{js}\end{bmatrix}\begin{bmatrix}z_1\\z_2\\\vdots\\z_s\end{bmatrix}=b_{j1}z_1+b_{j2}z_2+\cdots+b_{js}z_s=y_j$$

$$\begin{bmatrix}a_{i1}&a_{i2}&\cdots&a_{in}\end{bmatrix}\begin{bmatrix}y_1\\y_2\\\vdots\\y_n\end{bmatrix}=a_{i1}y_1+a_{i2}y_2+\cdots+a_{in}y_n=x_i$$

则式(2) 和式(1) 可一般性地写成

$$\begin{bmatrix}y_1\\y_2\\\vdots\\y_n\end{bmatrix}=\begin{bmatrix}b_{11}&b_{12}&\cdots&b_{1s}\\b_{21}&b_{22}&\cdots&b_{2s}\\\vdots&\vdots&&\vdots\\b_{n1}&b_{n2}&\cdots&b_{ns}\end{bmatrix}\begin{bmatrix}z_1\\z_2\\\vdots\\z_s\end{bmatrix}\quad \text{或}\quad \begin{bmatrix}y_1\\y_2\\\vdots\\y_n\end{bmatrix}=\boldsymbol{B}\begin{bmatrix}z_1\\z_2\\\vdots\\z_s\end{bmatrix}$$

$$\begin{bmatrix}x_1\\x_2\\\vdots\\x_m\end{bmatrix}=\begin{bmatrix}a_{11}&a_{12}&\cdots&a_{1n}\\a_{21}&a_{22}&\cdots&b_{2n}\\\vdots&\vdots&&\vdots\\a_{m1}&a_{m2}&\cdots&a_{mn}\end{bmatrix}\begin{bmatrix}y_1\\y_2\\\vdots\\y_n\end{bmatrix}\quad \text{或}\quad \begin{bmatrix}x_1\\x_2\\\vdots\\x_m\end{bmatrix}=\boldsymbol{A}\begin{bmatrix}y_1\\y_2\\\vdots\\y_n\end{bmatrix}$$

于是式(3) 可简洁地写成

$$\begin{bmatrix}x_1\\x_2\\\vdots\\x_m\end{bmatrix}=\begin{bmatrix}a_{11}&a_{12}&\cdots&a_{1n}\\a_{21}&a_{22}&\cdots&a_{2n}\\\vdots&\vdots&&\vdots\\a_{m1}&a_{m2}&\cdots&a_{mn}\end{bmatrix}\begin{bmatrix}y_1\\y_2\\\vdots\\y_n\end{bmatrix}=\begin{bmatrix}a_{11}&a_{12}&\cdots&a_{1n}\\a_{21}&a_{22}&\cdots&a_{2n}\\\vdots&\vdots&&\vdots\\a_{m1}&a_{m2}&\cdots&a_{mn}\end{bmatrix}\begin{bmatrix}b_{11}&b_{12}&\cdots&b_{1s}\\b_{21}&b_{22}&\cdots&b_{2s}\\\vdots&\vdots&&\vdots\\b_{n1}&b_{n2}&\cdots&b_{ns}\end{bmatrix}\begin{bmatrix}z_1\\z_2\\\vdots\\z_s\end{bmatrix}$$

或

$$\begin{bmatrix}x_1\\x_2\\\vdots\\x_m\end{bmatrix}=\boldsymbol{AB}\begin{bmatrix}z_1\\z_2\\\vdots\\z_s\end{bmatrix}$$

若再定义

$$[a_{i1}\quad a_{i2}\quad \cdots\quad a_{in}]\begin{bmatrix}b_{1j}\\ b_{2j}\\ \vdots\\ b_{nj}\end{bmatrix}=a_{i1}b_{1j}+a_{i2}b_{2j}+\cdots+a_{in}b_{nj}=c_{ij}$$

$$\boldsymbol{C}=\begin{bmatrix}c_{11} & c_{12} & \cdots & c_{1s}\\ c_{21} & c_{22} & \cdots & c_{2s}\\ \vdots & \vdots & & \vdots\\ c_{m1} & c_{m2} & \cdots & c_{ms}\end{bmatrix}$$

则可有

$$\boldsymbol{AB}=\begin{bmatrix}a_{11} & a_{12} & \cdots & a_{1n}\\ a_{21} & a_{22} & \cdots & a_{2n}\\ \vdots & \vdots & & \vdots\\ a_{m1} & a_{m2} & \cdots & a_{mn}\end{bmatrix}\begin{bmatrix}b_{11} & b_{12} & \cdots & b_{1s}\\ b_{21} & b_{22} & \cdots & b_{2s}\\ \vdots & \vdots & & \vdots\\ b_{n1} & b_{n2} & \cdots & b_{ns}\end{bmatrix}=\begin{bmatrix}c_{11} & c_{12} & \cdots & c_{1s}\\ c_{21} & c_{22} & \cdots & c_{2s}\\ \vdots & \vdots & & \vdots\\ c_{m1} & c_{m2} & \cdots & c_{ms}\end{bmatrix}=\boldsymbol{C}$$

由此便可归纳矩阵乘法的一般概念.

定义 8　设 $\boldsymbol{A}=(a_{ij})$ 是一个 $m\times s$ 矩阵，$\boldsymbol{B}=(b_{ij})$ 是一个 $s\times n$ 矩阵，那么规定矩阵 $\boldsymbol{A}$ 与矩阵 $\boldsymbol{B}$ 的乘积是一个 $m\times n$ 矩阵 $\boldsymbol{C}=(c_{ij})$，其中

$$c_{ij}=a_{i1}b_{1j}+a_{i2}b_{2j}+\cdots+a_{is}b_{sj}=\sum_{k=1}^{s}a_{ik}b_{kj},\qquad i=1,2,\cdots,m;j=1,2,\cdots,n$$

并把此乘积记作

$$\boldsymbol{C}=\boldsymbol{AB}$$

注意：(1) 只有当左边矩阵 $\boldsymbol{A}$ 的列数与右边矩阵 $\boldsymbol{B}$ 的行数相等时，$\boldsymbol{A}$ 与 $\boldsymbol{B}$ 才能相乘.

(2) 矩阵 $\boldsymbol{C}$ 中第 i 行第 j 列的元素等于左边矩阵 $\boldsymbol{A}$ 的第 i 行元素与右边矩阵 $\boldsymbol{B}$ 的第 j 列对应元素乘积之和.

(3) $\boldsymbol{AB}$ 仍为矩阵，它的行数等于 $\boldsymbol{A}$ 的行数，它的列数等于 $\boldsymbol{B}$ 的列数.

例 4　求矩阵 $\boldsymbol{A}=\begin{bmatrix}1 & 0 & 3\\ 2 & 1 & 0\end{bmatrix}$ 与 $\boldsymbol{B}=\begin{bmatrix}4 & 1\\ -1 & 1\\ 2 & 0\end{bmatrix}$ 的乘积 $\boldsymbol{AB}$.

解　$\boldsymbol{C}=\boldsymbol{AB}=\begin{bmatrix}1 & 0 & 3\\ 2 & 1 & 0\end{bmatrix}\begin{bmatrix}4 & 1\\ -1 & 1\\ 2 & 0\end{bmatrix}$

$$=\begin{bmatrix}1\cdot 4+0\cdot(-1)+3\cdot 2 & 1\cdot 1+0\cdot 1+3\cdot 0\\ 2\cdot 4+1\cdot(-1)+0\cdot 2 & 2\cdot 1+1\cdot 1+0\cdot 0\end{bmatrix}$$

$$=\begin{bmatrix}10 & 1\\ 7 & 3\end{bmatrix}$$

例 5　设 $\boldsymbol{A}$ 是一个行矩阵，$\boldsymbol{B}$ 是一个列矩阵，且

$$\boldsymbol{A}=[a_1\quad a_2\quad \cdots\quad a_n],\quad \boldsymbol{B}=\begin{bmatrix}b_1\\ b_2\\ \vdots\\ b_n\end{bmatrix}$$

求 $\boldsymbol{AB}$ 和 $\boldsymbol{BA}$.

解
$$\boldsymbol{AB}=\begin{bmatrix}a_1 & a_2 & \cdots & a_n\end{bmatrix}\begin{bmatrix}b_1\\b_2\\\vdots\\b_n\end{bmatrix}=a_1b_1+a_2b_2+\cdots+a_nb_n$$

$$\boldsymbol{BA}=\begin{bmatrix}b_1\\b_2\\\vdots\\b_n\end{bmatrix}\begin{bmatrix}a_1 & a_2 & \cdots & a_n\end{bmatrix}=\begin{bmatrix}a_1b_1 & a_2b_1 & \cdots & a_nb_1\\a_1b_2 & a_2b_2 & \cdots & a_nb_2\\\vdots & \vdots & & \vdots\\a_1b_n & a_2b_n & \cdots & a_nb_n\end{bmatrix}$$

利用矩阵乘法还可简洁地表达线性变换及线性方程组.

例如对线性变换

$$\begin{cases}y_1=a_{11}x_1+a_{12}x_2+\cdots+a_{1n}x_n\\y_2=a_{21}x_1+a_{22}x_2+\cdots+a_{2n}x_n\\\qquad\vdots\\y_m=a_{m1}x_1+a_{m2}x_2+\cdots+a_{mn}x_n\end{cases}$$

利用矩阵的乘法,可记作

$$\boldsymbol{Y}=\boldsymbol{AX}$$

其中

$$\boldsymbol{A}=(a_{ij}),\quad \boldsymbol{X}=\begin{bmatrix}x_1\\x_2\\\vdots\\x_n\end{bmatrix},\quad \boldsymbol{Y}=\begin{bmatrix}y_1\\y_2\\\vdots\\y_m\end{bmatrix}$$

这里,$\boldsymbol{A}$ 为 $m\times n$ 矩阵(称为系数矩阵);列向量(列矩阵)$\boldsymbol{X}$ 表示 n 个变量 $x_1,x_2,\cdots,x_n$;列向量 $\boldsymbol{Y}$ 表示 m 个变量 $y_1,y_2,\cdots,y_m$.

表示一个从变量 $x_1,x_2,\cdots,x_n$ 到变量 $y_1,y_2,\cdots,y_m$ 的线性变换,可以简单记作

$$\boldsymbol{Y}=\boldsymbol{AX}$$

对 n 元线性方程组

$$\begin{cases}a_{11}x_1+a_{12}x_2+\cdots+a_{1n}x_n=b_1\\a_{21}x_1+a_{22}x_2+\cdots+a_{2n}x_n=b_2\\\qquad\vdots\\a_{m1}x_1+a_{m2}x_2+\cdots+a_{mn}x_n=b_m\end{cases}$$

根据矩阵乘积可以简化为

$$\boldsymbol{AX}=\boldsymbol{b}$$

其中

$$\boldsymbol{A}=(a_{ij}),\quad \boldsymbol{X}=\begin{bmatrix}x_1\\\vdots\\x_n\end{bmatrix},\quad \boldsymbol{b}=\begin{bmatrix}b_1\\\vdots\\b_m\end{bmatrix}$$

矩阵的乘法满足以下规律:

(1) 结合律：$(\boldsymbol{AB})\boldsymbol{C}=\boldsymbol{A}(\boldsymbol{BC})$；

(2) 数乘结合律：$k(\boldsymbol{AB})=(k\boldsymbol{A})\boldsymbol{B}=\boldsymbol{A}(k\boldsymbol{B})$；

(3) 左乘分配律：$\boldsymbol{A}(\boldsymbol{B}+\boldsymbol{C})=\boldsymbol{AB}+\boldsymbol{AC}$；

(4) 右乘分配律：$(\boldsymbol{B}+\boldsymbol{C})\boldsymbol{A}=\boldsymbol{BA}+\boldsymbol{CA}$.

要特别注意矩阵的乘法不满足交换律，即 $\boldsymbol{AB}$ 和 $\boldsymbol{BA}$ 不一定相等.

例 6　求矩阵 $\boldsymbol{A}=\begin{bmatrix}-2 & 4\\ 1 & -2\end{bmatrix}$ 与 $\boldsymbol{B}=\begin{bmatrix}2 & 4\\ -3 & -6\end{bmatrix}$ 的乘积 $\boldsymbol{AB}$ 及 $\boldsymbol{BA}$.

解

$$\boldsymbol{AB}=\begin{bmatrix}-2 & 4\\ 1 & -2\end{bmatrix}\begin{bmatrix}2 & 4\\ -3 & -6\end{bmatrix}=\begin{bmatrix}-16 & -32\\ 8 & 16\end{bmatrix}$$

$$\boldsymbol{BA}=\begin{bmatrix}2 & 4\\ -3 & -6\end{bmatrix}\begin{bmatrix}-2 & 4\\ 1 & -2\end{bmatrix}=\begin{bmatrix}0 & 0\\ 0 & 0\end{bmatrix}$$

由上例可以看出矩阵乘法的一个必须注意的特点，即一般不满足交换律，所以，特别称使 $\boldsymbol{AB}=\boldsymbol{BA}$ 的矩阵 $\boldsymbol{A}$ 与 $\boldsymbol{B}$ 是可交换相乘的矩阵，简称 $\boldsymbol{A}$ 与 $\boldsymbol{B}$ 可交换.

从上例还可以看出 $\boldsymbol{A}\neq\boldsymbol{O},\boldsymbol{B}\neq\boldsymbol{O}$，但 $\boldsymbol{BA}=\boldsymbol{O}$，即两个非零矩阵的相乘的结果可能是零矩阵，这种现象在数的乘法运算中是不可能出现的.

例 7　设 $\boldsymbol{A}=\begin{bmatrix}1 & 0\\ 0 & 0\end{bmatrix}$，$\boldsymbol{B}=\begin{bmatrix}3 & 2\\ 4 & 6\end{bmatrix}$，$\boldsymbol{C}=\begin{bmatrix}3 & 2\\ 2 & -1\end{bmatrix}$，求 $\boldsymbol{AB}$ 和 $\boldsymbol{AC}$.

解

$$\boldsymbol{AB}=\begin{bmatrix}1 & 0\\ 0 & 0\end{bmatrix}\begin{bmatrix}3 & 2\\ 4 & 6\end{bmatrix}=\begin{bmatrix}3 & 2\\ 0 & 0\end{bmatrix}$$

$$\boldsymbol{AC}=\begin{bmatrix}1 & 0\\ 0 & 0\end{bmatrix}\begin{bmatrix}3 & 2\\ 2 & -1\end{bmatrix}=\begin{bmatrix}3 & 2\\ 0 & 0\end{bmatrix}$$

从上例可见 $\boldsymbol{AB}=\boldsymbol{AC}$，但 $\boldsymbol{B}\neq\boldsymbol{C}$，故矩阵乘法不满足交换律和消去律.

定义 9　设有 n 阶方阵 $\boldsymbol{A}$，若它的主对角线上的元素全为 1，其余全部为 0，则称 $\boldsymbol{A}$ 为 n 阶单位矩阵，记为 $\boldsymbol{E}_n$ 或 $\boldsymbol{E}$，即

$$\boldsymbol{E}_n=\begin{bmatrix}1 & 0 & 0 & \cdots & 0\\ 0 & 1 & 0 & \cdots & 0\\ 0 & 0 & 1 & \cdots & 0\\ \vdots & \vdots & \vdots & & \vdots\\ 0 & 0 & 0 & \cdots & 1\end{bmatrix}$$

单位矩阵满足：(1) $\boldsymbol{E}_m\boldsymbol{A}_{m\times n}=\boldsymbol{A}_{m\times n}$，(2) $\boldsymbol{A}_{m\times n}\boldsymbol{E}_n=\boldsymbol{A}_{m\times n}$.

显然，单位矩阵 $\boldsymbol{E}$ 在矩阵乘法中的作用类似于数 1 在数的乘法中的作用.

定义 10　设 $\boldsymbol{A}$ 是 n 阶方阵，定义

$$\boldsymbol{A}^1=\boldsymbol{A},\quad \boldsymbol{A}^2=\boldsymbol{A}^1\boldsymbol{A}^1,\quad \cdots,\quad \boldsymbol{A}^{R+1}=\boldsymbol{A}^R\boldsymbol{A}^1$$

其中 R 为正整数，$\boldsymbol{A}^R$ 就是 R 个 $\boldsymbol{A}$ 连乘.

矩阵的幂满足以下运算规律：

$$\boldsymbol{A}^k\boldsymbol{A}^l=\boldsymbol{A}^{k+l},(\boldsymbol{A}^k)^l=A^{kl},\qquad k,l\in\mathbf{N}$$

一般说来

$$(\boldsymbol{AB})^k\neq\boldsymbol{A}^k\boldsymbol{B}^k\quad(\boldsymbol{A}+\boldsymbol{B})^2\neq\boldsymbol{A}^2+2\boldsymbol{AB}+\boldsymbol{B}^2$$

以上等号当 $\boldsymbol{A}$ 与 $\boldsymbol{B}$ 可交换时，它们成立.

四、矩阵的转置

定义 11 把矩阵 $\boldsymbol{A}$ 的行换成同序数的列得到一个新矩阵，叫做 $\boldsymbol{A}$ 的转置矩阵，记作 $\boldsymbol{A}^{\mathrm{T}}$.

例如 $\boldsymbol{A}=\begin{bmatrix}1&2&3\\0&3&1\end{bmatrix}$ 的转置矩阵为 $\boldsymbol{A}^{\mathrm{T}}=\begin{bmatrix}1&0\\2&3\\3&1\end{bmatrix}$.

矩阵的转置也是一种运算，满足下述运算规律：

(1) $(\boldsymbol{A}^{\mathrm{T}})^{\mathrm{T}}=\boldsymbol{A}$;

(2) $(\boldsymbol{A}+\boldsymbol{B})^{\mathrm{T}}=\boldsymbol{A}^{\mathrm{T}}+\boldsymbol{B}^{\mathrm{T}}$;

(3) $(\lambda\boldsymbol{A})^{\mathrm{T}}=\lambda\boldsymbol{A}^{\mathrm{T}}$;

(4) $(\boldsymbol{AB})^{\mathrm{T}}=\boldsymbol{B}^{\mathrm{T}}\boldsymbol{A}^{\mathrm{T}}$.

例 8 已知 $\boldsymbol{A}=\begin{bmatrix}2&0&-1\\1&3&2\end{bmatrix}$，$\boldsymbol{B}=\begin{bmatrix}1&7&-1\\4&2&3\\2&0&1\end{bmatrix}$，求 $(\boldsymbol{AB})^{\mathrm{T}}$.

解

$$\boldsymbol{AB}=\begin{bmatrix}2&0&-1\\1&3&2\end{bmatrix}\begin{bmatrix}1&7&-1\\4&2&3\\2&0&1\end{bmatrix}=\begin{bmatrix}0&14&-3\\17&13&10\end{bmatrix}$$

所以

$$(\boldsymbol{AB})^{\mathrm{T}}=\begin{bmatrix}0&17\\14&13\\-3&10\end{bmatrix}$$

或

$$\boldsymbol{B}^{\mathrm{T}}\boldsymbol{A}^{\mathrm{T}}=\begin{bmatrix}1&4&2\\7&2&0\\-1&3&1\end{bmatrix}\begin{bmatrix}2&1\\0&3\\-1&2\end{bmatrix}=\begin{bmatrix}0&17\\14&13\\-3&10\end{bmatrix}$$

这里我们看到 $(\boldsymbol{AB})^{\mathrm{T}}=\boldsymbol{B}^{\mathrm{T}}\boldsymbol{A}^{\mathrm{T}}$.

如果方阵 $\boldsymbol{A}$ 满足 $\boldsymbol{A}^{\mathrm{T}}=\boldsymbol{A}$，即 $a_{ij}=a_{ji}$，则称 $\boldsymbol{A}$ 为对称阵.

例 9 设列矩阵 $\boldsymbol{X}=[x_1\quad x_2\quad\cdots\quad x_n]^{\mathrm{T}}$ 满足 $\boldsymbol{X}^{\mathrm{T}}\boldsymbol{X}=1$，且 $\boldsymbol{H}=\boldsymbol{E}-2\boldsymbol{XX}^{\mathrm{T}}$，试证：$\boldsymbol{H}$ 是对称阵，且 $\boldsymbol{HH}^{\mathrm{T}}=\boldsymbol{E}$.

证明 因为

$$\begin{aligned}\boldsymbol{H}^{\mathrm{T}}&=(\boldsymbol{E}-2\boldsymbol{XX}^{\mathrm{T}})^{\mathrm{T}}=\boldsymbol{E}^{\mathrm{T}}-2(\boldsymbol{XX}^{\mathrm{T}})^{\mathrm{T}}\\&=\boldsymbol{E}-2\boldsymbol{XX}^{\mathrm{T}}=\boldsymbol{H}\end{aligned}$$

所以 $\boldsymbol{H}$ 为对称阵.

因为 $\boldsymbol{X}^{\mathrm{T}}\boldsymbol{X}=1$，所以

$$\begin{aligned}\boldsymbol{HH}^{\mathrm{T}}&=\boldsymbol{H}^2=(\boldsymbol{E}-2\boldsymbol{XX}^{\mathrm{T}})^2=\boldsymbol{E}-4\boldsymbol{XX}^{\mathrm{T}}+4(\boldsymbol{XX}^{\mathrm{T}})(\boldsymbol{XX}^{\mathrm{T}})\\&=\boldsymbol{E}-4\boldsymbol{XX}^{\mathrm{T}}+4\boldsymbol{X}(\boldsymbol{X}^{\mathrm{T}}\boldsymbol{X})\boldsymbol{X}^{\mathrm{T}}=\boldsymbol{E}-4\boldsymbol{XX}^{\mathrm{T}}+4\boldsymbol{XX}^{\mathrm{T}}=\boldsymbol{E}\end{aligned}$$

五、方阵的行列式

定义 12 由 n 阶方阵 $\boldsymbol{A}$ 的元素所构成的行列式(各元素的位置不变)，称为方阵 $\boldsymbol{A}$ 的行

列式，记作$|\boldsymbol{A}|$或 det $\boldsymbol{A}$.

应该注意，方阵与行列式是两个不同的概念，n 阶方阵是 n^2 个数按一定方式排成的数表，而 n 阶行列式则是这些数按一定的运算法则所确定的一个数.

方阵的行列式满足下述运算规律：

(1) $|\boldsymbol{A}^{\mathrm{T}}|=|\boldsymbol{A}|$；

(2) $|\lambda\boldsymbol{A}|=\lambda^n|\boldsymbol{A}|$；

(3) $|\boldsymbol{AB}|=|\boldsymbol{A}||\boldsymbol{B}|$.

例 10　设 $\boldsymbol{A}=\begin{bmatrix}1 & 2\\ -1 & 3\end{bmatrix}$，$\boldsymbol{B}=\begin{bmatrix}3 & 1\\ 2 & 4\end{bmatrix}$，验证：$|\boldsymbol{AB}|=|\boldsymbol{A}||\boldsymbol{B}|$.

解　因为

$$\boldsymbol{AB}=\begin{bmatrix}1 & 2\\ -1 & 3\end{bmatrix}\begin{bmatrix}3 & 1\\ 2 & 4\end{bmatrix}=\begin{bmatrix}7 & 9\\ 3 & 11\end{bmatrix}$$

所以

$$|\boldsymbol{AB}|=\begin{vmatrix}7 & 9\\ 3 & 11\end{vmatrix}=50$$

又因为

$$|\boldsymbol{A}|=\begin{vmatrix}1 & 2\\ -1 & 3\end{vmatrix}=5,\quad |\boldsymbol{B}|=\begin{vmatrix}3 & 1\\ 2 & 4\end{vmatrix}=10$$

所以

$$|\boldsymbol{A}||\boldsymbol{B}|=5\times10=50=|\boldsymbol{AB}|$$

例 11　设 $\boldsymbol{A}=\begin{bmatrix}1 & 2 & 3\\ 0 & -3 & 2\\ 0 & 0 & 5\end{bmatrix}$，$\boldsymbol{B}=\begin{bmatrix}4 & 6 & 2\\ 0 & 3 & 1\\ 0 & 0 & -2\end{bmatrix}$，求$|\boldsymbol{AB}|$，$|\boldsymbol{A}+\boldsymbol{B}|$，$|\boldsymbol{A}|+|\boldsymbol{B}|$，$|3\boldsymbol{A}|$.

解

$$|\boldsymbol{AB}|=|\boldsymbol{A}||\boldsymbol{B}|=1\times(-3)\times5\times4\times3\times(-2)=360$$

$$|\boldsymbol{A}+\boldsymbol{B}|=\begin{vmatrix}5 & 8 & 5\\ 0 & 0 & 3\\ 0 & 0 & 3\end{vmatrix}=0$$

$$|\boldsymbol{A}|+|\boldsymbol{B}|=-15+(-24)=-39$$

$$|3\boldsymbol{A}|=\begin{vmatrix}3 & 6 & 9\\ 0 & -9 & 6\\ 0 & 0 & 15\end{vmatrix}=-405\quad\text{或}\quad|3\boldsymbol{A}|=3^3|\boldsymbol{A}|=27\cdot(-15)=-405$$

一般地：(1) $|\boldsymbol{A}+\boldsymbol{B}|\neq|\boldsymbol{A}|+|\boldsymbol{B}|$；

(2) $|k\boldsymbol{A}|\neq k|\boldsymbol{A}|$.

第三节　逆矩阵

一、逆矩阵的概念

在数学运算中，数 b 除以非零数 a 的运算可用乘法表示为 $\frac{b}{a}=b\cdot\frac{1}{a}$，其中非零数 a 的“倒数”(乘法逆) $\frac{1}{a}$ 可用式 $a \cdot \frac{1}{a} = \frac{1}{a} \cdot a = 1$ 定义. 受此启发,对方阵的情形,就从讨论类似的等式出发,建立可逆矩阵的概念.

定义 13 对于 n 阶方阵 $\boldsymbol{A}$,如果存在一个 n 阶方阵 $\boldsymbol{B}$,使 $\boldsymbol{AB} = \boldsymbol{BA} = \boldsymbol{E}$,则说矩阵 $\boldsymbol{A}$ 是可逆的,并把矩阵 $\boldsymbol{B}$ 称为 $\boldsymbol{A}$ 的逆矩阵,简称逆阵,$\boldsymbol{A}$ 的逆阵记作 $\boldsymbol{A}^{-1}$,即 $\boldsymbol{B} = \boldsymbol{A}^{-1}$.

于是,若矩阵 $\boldsymbol{A}$ 是可逆矩阵,则存在矩阵 $\boldsymbol{A}^{-1}$,满足 $\boldsymbol{AA}^{-1} = \boldsymbol{A}^{-1}\boldsymbol{A} = \boldsymbol{E}$.

例 12 设 $\boldsymbol{A} = \begin{bmatrix} 1 & 2 \\ 0 & 1 \end{bmatrix}$,$\boldsymbol{B} = \begin{bmatrix} 1 & -2 \\ 0 & 1 \end{bmatrix}$,证明 $\boldsymbol{B}$ 是 $\boldsymbol{A}$ 的逆矩阵.

证明 因为

$$\boldsymbol{AB} = \begin{bmatrix} 1 & 2 \\ 0 & 1 \end{bmatrix} \begin{bmatrix} 1 & -2 \\ 0 & 1 \end{bmatrix} = \begin{bmatrix} 1 & 0 \\ 0 & 1 \end{bmatrix} = \boldsymbol{E}$$

$$\boldsymbol{BA} = \begin{bmatrix} 1 & -2 \\ 0 & 1 \end{bmatrix} \begin{bmatrix} 1 & 2 \\ 0 & 1 \end{bmatrix} = \begin{bmatrix} 1 & 0 \\ 0 & 1 \end{bmatrix} = \boldsymbol{E}$$

即有 $\boldsymbol{AB} = \boldsymbol{BA} = \boldsymbol{E}$,故 $\boldsymbol{B}$ 是 $\boldsymbol{A}$ 的逆矩阵.

二、逆矩阵的性质

性质 1 若 $\boldsymbol{A}$ 可逆,则 $\boldsymbol{A}^{-1}$ 是唯一的.

证明 若 $\boldsymbol{B}$,$\boldsymbol{C}$ 都是 $\boldsymbol{A}$ 的逆矩阵,有

$$\boldsymbol{AB} = \boldsymbol{BA} = \boldsymbol{E}, \quad \boldsymbol{AC} = \boldsymbol{CA} = \boldsymbol{E}$$

所以

$$\boldsymbol{B} = \boldsymbol{BE} = \boldsymbol{B}(\boldsymbol{AC}) = (\boldsymbol{BA})\boldsymbol{C} = \boldsymbol{EC} = \boldsymbol{C}$$

故 $\boldsymbol{A}$ 的逆矩阵唯一.

性质 2 若 $\boldsymbol{A}$ 可逆,则 $\boldsymbol{A}^{-1}$ 也可逆,并且 $(\boldsymbol{A}^{-1})^{-1} = \boldsymbol{A}$.

性质 3 若 n 阶方阵 $\boldsymbol{A}$ 和 $\boldsymbol{B}$ 均可逆,则 $\boldsymbol{AB}$ 也可逆,并且 $(\boldsymbol{AB})^{-1} = \boldsymbol{B}^{-1}\boldsymbol{A}^{-1}$.

证明 因为

$$(\boldsymbol{AB})(\boldsymbol{B}^{-1}\boldsymbol{A}^{-1}) = \boldsymbol{A}(\boldsymbol{BB}^{-1})\boldsymbol{A}^{-1} = \boldsymbol{AEA}^{-1} = \boldsymbol{AA}^{-1} = \boldsymbol{E}$$

$$(\boldsymbol{B}^{-1}\boldsymbol{A}^{-1})(\boldsymbol{AB}) = \boldsymbol{B}^{-1}(\boldsymbol{A}^{-1}\boldsymbol{A})\boldsymbol{B} = \boldsymbol{B}^{-1}\boldsymbol{EB} = \boldsymbol{B}^{-1}\boldsymbol{B} = \boldsymbol{E}$$

由定义知 $\boldsymbol{AB}$ 可逆,且 $(\boldsymbol{AB})^{-1} = \boldsymbol{B}^{-1}\boldsymbol{A}^{-1}$.

性质 3 可推广到有限个 n 阶可逆矩阵相乘的情形.

性质 4 若 $\boldsymbol{A}$ 可逆,则 $\boldsymbol{A}^{\mathrm{T}}$ 也可逆,并且 $(\boldsymbol{A}^{\mathrm{T}})^{-1} = (\boldsymbol{A}^{-1})^{\mathrm{T}}$.

性质 5 若 $\boldsymbol{A}$ 可逆,则 $|\boldsymbol{A}^{-1}| = |\boldsymbol{A}|^{-1} = \frac{1}{|\boldsymbol{A}|}$.

性质 6 若 $\boldsymbol{A}$ 可逆,数 $\lambda \neq 0$,则 $\lambda\boldsymbol{A}$ 也可逆,且 $(\lambda\boldsymbol{A})^{-1} = \frac{1}{\lambda}\boldsymbol{A}^{-1}$.

这里的性质 2、性质 4、性质 5、性质 6 请读者自己练习证明.

由定义可知单位矩阵是可逆的,且 $\boldsymbol{E}^{-1} = \boldsymbol{E}$,而零矩阵不可逆. 这是因为

$$\boldsymbol{EE} = \boldsymbol{EE} = \boldsymbol{E}, \quad \boldsymbol{OA} = \boldsymbol{AO} = \boldsymbol{O} \neq \boldsymbol{E}$$

三、逆矩阵的求法

方阵 $\boldsymbol{A}$ 满足什么条件时,$\boldsymbol{A}$ 一定是可逆的? 如何求 $\boldsymbol{A}$ 的逆阵?

定理 1　若矩阵 $\boldsymbol{A}$ 是可逆矩阵,则有 $|\boldsymbol{A}| \neq 0$.

证明　因为 $\boldsymbol{A}$ 是可逆,所以存在 $\boldsymbol{A}^{-1}$,使 $\boldsymbol{A}\boldsymbol{A}^{-1}=\boldsymbol{E}$ 成立,即有

$$|\boldsymbol{A}\boldsymbol{A}^{-1}|=|\boldsymbol{A}|\,|\boldsymbol{A}^{-1}|=|\boldsymbol{E}|=1$$

所以 $|\boldsymbol{A}| \neq 0$.

定理 1 的逆命题成立吗？为了回答这个问题,先引入伴随矩阵的定义.

定义 14　行列式 $|\boldsymbol{A}|$ 的各个元素的代数余子式 $\boldsymbol{A}_{ij}$ 所构成的如下的矩阵

$$\boldsymbol{A}^{*}=\begin{bmatrix} \boldsymbol{A}_{11} & \boldsymbol{A}_{21} & \cdots & \boldsymbol{A}_{n1} \\ \boldsymbol{A}_{12} & \boldsymbol{A}_{22} & \cdots & \boldsymbol{A}_{n2} \\ \vdots & \vdots & & \vdots \\ \boldsymbol{A}_{1n} & \boldsymbol{A}_{2n} & \cdots & \boldsymbol{A}_{nn} \end{bmatrix}$$

称为矩阵 $\boldsymbol{A}$ 的伴随矩阵,简称伴随阵.

例 13　试证:$\boldsymbol{A}\boldsymbol{A}^{*}=\boldsymbol{A}^{*}\boldsymbol{A}=|\boldsymbol{A}|\boldsymbol{E}$.

证明

$$\boldsymbol{A}\boldsymbol{A}^{*}=\begin{bmatrix} a_{11} & a_{12} & \cdots & a_{1n} \\ a_{21} & a_{22} & \cdots & a_{2n} \\ \vdots & \vdots & & \vdots \\ a_{n1} & a_{n2} & \cdots & a_{nn} \end{bmatrix}\begin{bmatrix} \boldsymbol{A}_{11} & \boldsymbol{A}_{21} & \cdots & \boldsymbol{A}_{n1} \\ \boldsymbol{A}_{12} & \boldsymbol{A}_{22} & \cdots & \boldsymbol{A}_{n2} \\ \vdots & \vdots & & \vdots \\ \boldsymbol{A}_{1n} & \boldsymbol{A}_{2n} & \cdots & \boldsymbol{A}_{nn} \end{bmatrix}$$

$$=\begin{bmatrix} |\boldsymbol{A}| & 0 & \cdots & 0 \\ 0 & |\boldsymbol{A}| & \cdots & \\ \vdots & \vdots & & \vdots \\ 0 & 0 & & |\boldsymbol{A}| \end{bmatrix}=|\boldsymbol{A}|\boldsymbol{E}$$

同理可得

$$\boldsymbol{A}^{*}\boldsymbol{A}=|\boldsymbol{A}|\boldsymbol{E}$$

所以

$$\boldsymbol{A}\boldsymbol{A}^{*}=\boldsymbol{A}^{*}\boldsymbol{A}=|\boldsymbol{A}|\boldsymbol{E}$$

定理 2　若方阵 $\boldsymbol{A}$ 满足 $|\boldsymbol{A}| \neq 0$,则 $\boldsymbol{A}$ 可逆,且 $\boldsymbol{A}^{-1}=\frac{1}{|\boldsymbol{A}|}\boldsymbol{A}^{*}$.

证明　由上例知

$$\boldsymbol{A}\boldsymbol{A}^{*}=\boldsymbol{A}^{*}\boldsymbol{A}=|\boldsymbol{A}|\boldsymbol{E}$$

因为 $|\boldsymbol{A}| \neq 0$,所以

$$\boldsymbol{A}\cdot\left(\frac{1}{|\boldsymbol{A}|}\boldsymbol{A}^{*}\right)=\left(\frac{1}{|\boldsymbol{A}|}\boldsymbol{A}^{*}\right)\cdot\boldsymbol{A}=\boldsymbol{E}$$

由逆矩阵定义知 $\boldsymbol{A}$ 可逆,且

$$\boldsymbol{A}^{-1}=\frac{1}{|\boldsymbol{A}|}\boldsymbol{A}^{*}$$

综合定理 1、定理 2 知 $\boldsymbol{A}$ 可逆的充要条件是 $|\boldsymbol{A}| \neq 0$.

定义 15　若方阵 $\boldsymbol{A}$ 满足 $|\boldsymbol{A}| \neq 0$,则称 $\boldsymbol{A}$ 是非奇异的,否则称 $\boldsymbol{A}$ 为奇异的,可逆矩阵就是非奇异方阵.

例 14　设矩阵 $\boldsymbol{A}=\begin{bmatrix} a & b \\ c & d \end{bmatrix}$,且 $ad-bc \neq 0$,求 $\boldsymbol{A}$ 的逆矩阵.

解　因为

$$|\boldsymbol{A}|=ad-bc\neq 0,\quad \boldsymbol{A}^*=\begin{bmatrix} d & -b \\ -c & a \end{bmatrix}$$

所以

$$\boldsymbol{A}^{-1}=\frac{1}{|\boldsymbol{A}|}\boldsymbol{A}^*=\frac{1}{ad-bc}\begin{bmatrix} d & -b \\ -c & a \end{bmatrix}$$

例 15　求方阵 $\boldsymbol{A}=\begin{bmatrix} 1 & 2 & 3 \\ 2 & 2 & 1 \\ 3 & 4 & 3 \end{bmatrix}$ 的逆阵.

解　由 $|\boldsymbol{A}|=2\neq 0$ 知 $\boldsymbol{A}^{-1}$ 存在,再计算 $|\boldsymbol{A}|$ 的代数余子式,有

$$\boldsymbol{A}_{11}=\begin{vmatrix} 2 & 1 \\ 4 & 3 \end{vmatrix}=2,\quad \boldsymbol{A}_{12}=-\begin{vmatrix} 2 & 1 \\ 3 & 3 \end{vmatrix}=-3,\quad \boldsymbol{A}_{13}=\begin{vmatrix} 2 & 2 \\ 3 & 4 \end{vmatrix}=2$$

$$\boldsymbol{A}_{21}=-\begin{vmatrix} 2 & 3 \\ 4 & 3 \end{vmatrix}=6,\quad \boldsymbol{A}_{22}=\begin{vmatrix} 1 & 3 \\ 3 & 3 \end{vmatrix}=-6,\quad \boldsymbol{A}_{23}=-\begin{vmatrix} 1 & 2 \\ 3 & 4 \end{vmatrix}=2$$

$$\boldsymbol{A}_{31}=\begin{vmatrix} 2 & 3 \\ 2 & 1 \end{vmatrix}=-4,\quad \boldsymbol{A}_{32}=-\begin{vmatrix} 1 & 3 \\ 2 & 1 \end{vmatrix}=5,\quad \boldsymbol{A}_{33}=\begin{vmatrix} 1 & 2 \\ 2 & 2 \end{vmatrix}=-2$$

得 $\boldsymbol{A}^*=\begin{bmatrix} 2 & 6 & -4 \\ -3 & -6 & 5 \\ 2 & 2 & -2 \end{bmatrix}$,所以

$$\boldsymbol{A}^{-1}=\frac{1}{|\boldsymbol{A}|}\boldsymbol{A}^*=\begin{bmatrix} 1 & 3 & -2 \\ -\frac{3}{2} & -3 & \frac{5}{2} \\ 1 & 1 & -1 \end{bmatrix}$$

上两例中求逆矩阵的方法叫作伴随矩阵法.

定理 3　设 $\boldsymbol{A}$ 与 $\boldsymbol{B}$ 都是 n 阶方阵,若 $\boldsymbol{AB}=\boldsymbol{E}$(或 $\boldsymbol{BA}=\boldsymbol{E}$),则 $\boldsymbol{A}$ 与 $\boldsymbol{B}$ 均可逆,并且 $\boldsymbol{A}^{-1}=\boldsymbol{B}$,$\boldsymbol{B}^{-1}=\boldsymbol{A}$.

证明　由 $\boldsymbol{AB}=\boldsymbol{E}$,得

$$|\boldsymbol{AB}|=|\boldsymbol{A}|\,|\boldsymbol{B}|=|\boldsymbol{E}|=1$$

所以 $|\boldsymbol{A}|\neq 0$,$|\boldsymbol{B}|\neq 0$,故 $\boldsymbol{A}$ 和 $\boldsymbol{B}$ 均可逆. 又

$$\boldsymbol{B}=\boldsymbol{EB}=(\boldsymbol{A}^{-1}\boldsymbol{A})\boldsymbol{B}=\boldsymbol{A}^{-1}(\boldsymbol{AB})=\boldsymbol{A}^{-1}\boldsymbol{E}=\boldsymbol{A}^{-1}$$

同理可证 $\boldsymbol{B}^{-1}=\boldsymbol{A}$.

此定理说明,要验证方阵 $\boldsymbol{B}$ 是否是 $\boldsymbol{A}$ 的逆矩阵,只要验证 $\boldsymbol{AB}=\boldsymbol{E}$ 或 $\boldsymbol{BA}=\boldsymbol{E}$ 中的一个式子成立即可,这比直接用定义去判断要节省一半的计算量.

例 16　设

$$\boldsymbol{A}=\begin{bmatrix} 1 & 2 & 3 \\ 2 & 2 & 1 \\ 3 & 4 & 3 \end{bmatrix},\quad \boldsymbol{B}=\begin{bmatrix} 2 & 1 \\ 5 & 3 \end{bmatrix},\quad \boldsymbol{C}=\begin{bmatrix} 1 & 3 \\ 2 & 0 \\ 3 & 1 \end{bmatrix}$$

求矩阵 $\boldsymbol{X}$,使其满足 $\boldsymbol{AXB}=\boldsymbol{C}$.

解　若 $\boldsymbol{A}^{-1}$ 和 $\boldsymbol{B}^{-1}$ 存在,则用 $\boldsymbol{A}^{-1}$ 左乘上式,$\boldsymbol{B}^{-1}$ 右乘上式,有

$$\boldsymbol{A}^{-1}\boldsymbol{AXBB}^{-1}=\boldsymbol{A}^{-1}\boldsymbol{CB}^{-1}$$

所以

$$\boldsymbol{X}=\boldsymbol{A}^{-1}\boldsymbol{CB}^{-1}$$

由上例知 $|\boldsymbol{A}|=2\neq 0$,$|\boldsymbol{B}|\neq 0$,故知 $\boldsymbol{A}$ 和 $\boldsymbol{B}$ 都可逆,且

$$\boldsymbol{A}^{-1}=\begin{bmatrix}1 & 3 & -2\\ -\frac{3}{2} & -3 & \frac{5}{2}\\ 1 & 1 & -1\end{bmatrix},\quad \boldsymbol{B}^{-1}=\begin{bmatrix}3 & -1\\ -5 & 2\end{bmatrix}$$

所以

$$\boldsymbol{X}=\boldsymbol{A}^{-1}\boldsymbol{CB}^{-1}=\begin{bmatrix}1 & 3 & -2\\ -\frac{3}{2} & -3 & \frac{5}{2}\\ 1 & 1 & -1\end{bmatrix}\begin{bmatrix}1 & 3\\ 2 & 0\\ 3 & 1\end{bmatrix}\begin{bmatrix}3 & -1\\ -5 & 2\end{bmatrix}=\begin{bmatrix}1 & 1\\ 0 & -2\\ 0 & 2\end{bmatrix}\begin{bmatrix}3 & -1\\ -5 & 2\end{bmatrix}$$

$$=\begin{bmatrix}-2 & 1\\ 10 & -4\\ -10 & 4\end{bmatrix}$$

例 17　用逆矩阵求线性方程组

$$\begin{cases}x_1-x_2-x_3=2\\ 2x_1-x_2-3x_3=1\\ 3x_1+2x_2-5x_3=0\end{cases}$$

的解.

解　设

$$\boldsymbol{A}=\begin{bmatrix}1 & -1 & -1\\ 2 & -1 & -3\\ 3 & 2 & -5\end{bmatrix},\quad \boldsymbol{X}=\begin{bmatrix}x_1\\ x_2\\ x_3\end{bmatrix},\quad \boldsymbol{B}=\begin{bmatrix}2\\ 1\\ 0\end{bmatrix}$$

此线性方程组可写为矩阵方程 $\boldsymbol{AX}=\boldsymbol{B}$.

若 $|\boldsymbol{A}|\neq 0$,从而 $\boldsymbol{X}=\boldsymbol{A}^{-1}\boldsymbol{B}$. 由

$$|\boldsymbol{A}|=\begin{vmatrix}1 & -1 & -1\\ 2 & -1 & -3\\ 3 & 2 & -5\end{vmatrix}=3,\quad \boldsymbol{A}^*=\begin{bmatrix}11 & -7 & 2\\ 1 & -2 & 1\\ 7 & -5 & 1\end{bmatrix}$$

所以

$$\boldsymbol{A}^{-1}=\frac{1}{|\boldsymbol{A}|}\boldsymbol{A}^*=\begin{bmatrix}\frac{11}{3} & -\frac{7}{3} & \frac{2}{3}\\ \frac{1}{3} & -\frac{2}{3} & \frac{1}{3}\\ \frac{7}{3} & -\frac{5}{3} & \frac{1}{3}\end{bmatrix}$$

求得

$$X=A^{-1}B=\begin{bmatrix}\frac{11}{3} & -\frac{7}{3} & \frac{2}{3}\\ \frac{1}{3} & -\frac{2}{3} & \frac{1}{3}\\ \frac{7}{3} & -\frac{5}{3} & \frac{1}{3}\end{bmatrix}\begin{bmatrix}2\\1\\0\end{bmatrix}=\begin{bmatrix}5\\0\\3\end{bmatrix}$$

即线性方程组的解为 $x_1=5, x_2=0, x_3=3$.

四、应用问题

1. 人口就业问题

例 18 某城镇有 100 000 人具有法定工作年龄，目前有 80 000 人找到了工作，其余 20 000 人失业. 每年有工作的人中的10%将失去工作，而失业人口中的60%将找到工作. 假定该镇的工作适龄人口在若干年内保持不变，问：三年后该镇工作适龄人口有多少人失业？

解 令 x_n，y_n 分别表示该镇就业和失业的人口数，由所设可得如下方程组：

$$\begin{cases}x_{n+1}=0.9x_n+0.6y_n\\ y_{n+1}=0.1x_n+0.4y_n\end{cases}$$

令 $X_n=\begin{bmatrix}x_n\\y_n\end{bmatrix}$，$A=\begin{bmatrix}0.9 & 0.6\\0.1 & 0.4\end{bmatrix}$，则以上方程组可表为 $X_{n+1}=AX_n$，从而有

$$X_3=AX_2=A(AX_1)=A^2X_1=A^2(AX_0)=A^3X_0$$

因为

$$A^3=\begin{bmatrix}0.9 & 0.6\\0.1 & 0.4\end{bmatrix}^3=\begin{bmatrix}0.9 & 0.6\\0.1 & 0.4\end{bmatrix}\begin{bmatrix}0.9 & 0.6\\0.1 & 0.4\end{bmatrix}\begin{bmatrix}0.9 & 0.6\\0.1 & 0.4\end{bmatrix}$$

$$=\begin{bmatrix}0.9 & 0.6\\0.1 & 0.4\end{bmatrix}\begin{bmatrix}0.87 & 0.78\\0.13 & 0.22\end{bmatrix}=\begin{bmatrix}0.861 & 0.834\\0.139 & 0.166\end{bmatrix}$$

由 $X_0=\begin{bmatrix}80\ 000\\20\ 000\end{bmatrix}$，故求得

$$X_3=A^3X_0=\begin{bmatrix}0.861 & 0.834\\0.139 & 0.166\end{bmatrix}\begin{bmatrix}80\ 000\\20\ 000\end{bmatrix}=\begin{bmatrix}85\ 560\\14\ 440\end{bmatrix}$$

即三年后该镇的失业人口 14 440 人.

2. 逆矩阵在设计保密通讯密码中的应用

所谓保密通讯就是通讯者要将消息发出给他指定的接收者，而又不让其他人特别是其对手了解消息的内容. 它是军事、政治、商务及许多其他领域中必不可少的通讯方式.

消息的发出方为了保密，最好的方法是根本不让除接收者之外的任何人了解消息内容，比如派专门信使将密信传递到接收者手中，但这种方法的最大弱点是发送速度慢，效率低，且安全性差. 为此人们想出了发送消息的一个办法，即不是将原消息直接发送出去，而是将其按一定规则加以改变和伪装后再发送出去. 随着加密方法的不断改进和完善，就形成了密码学.

密码学称原来的消息为明文，用人们日常生活中的语言写成，谁都看得懂，经过改变和伪装的明文变成了密文，别人就看不懂了. 由明文变成密文的过程叫做加密，由密文变成明

文的过程叫做译密，改变明文的方法称为密码. 当一个人知道了密码，就可以读懂密文. 若不知道密码，即使得到了密文也读不懂，这就达到了保密的目的. 密码作为军事和政治斗争的一种技术已有上千年历史了，随着科学技术的发展，信息传播越来越频繁和便捷，保密通讯也日益扩展到民间的经济生活及日常生活当中.

密码中的关键信息称为密匙，密匙在保密通讯中占有极其重要的地位，通常由通讯双方秘密商定. 人们对密文进行分析，试图找出译密的法则，这一过程叫做破译，破译过程通常就是找出密码的密匙.

制作密码其实也可以很简单. 对英文而言，只要把每个字母用其他的字母来替换就可以形成密文，这种形式的密码称为置换密码，置换密码是一种最容易也是最为人们所熟悉的密码. 例如，指定从A到Z的26个英文字母按顺序依次用1到26这26个正整数表示，就制作成了一张密码表. 加密的方法是将每个明文字母所对应的整数加上某个正整数 $K(0 < K < 26)$，选定的正整数 K 就是该密码的密匙. 其中，"加法"的规则是如果加法的结果达到或超过 26，就要将该数值减去 26，即若 P 表示明文字母所对应的整数，C 为密文字母所对应的整数，则有记号

$$C = (P + K)(\mathrm{mod}\ 26)$$

这一式子又称模的同余式，这种密码又称为加法密码.

例如，如果明文信息是

MEETING IN MY OFFICE

取 $K = 5$，由上加法规则得到的密文是

RJJYNSLNSRDTKKNHJ

而这在外人眼里是一组毫无意义的字母.

破译密码相对就困难多了，因为破译者不仅需要弄清密文的加密方式，还需找出相应的密码密匙. 对于各种加密方式破译人员通常是熟悉的，也较容易从密文做出判断，因而破译密码关键是找出密码的密匙.

如果已知密码是由加法密码书写成的，对于如下的密文信息

FRPHK HUHLP PHGLD WHOB

应如何解密呢? 一种可能浪费时间的解密方法是把 1 到 25 的每一个整数逐一代入模的同余式

$$P = (C - K)(\mathrm{mod}\ 26)$$

进行尝试，直到出现最合适的 K.

下面我们按另一方法尝试.

考虑密文中的第一块，从 $K=1,2$ 尝试到 $K=3$ 时，对应的明文是 COMEH，由此可判断出这个 K 可能是合理的. 取 $K=3$ 作为密匙破译全文，对应的明文是

COMEHEREIMEDIATELY(Come here immediately)

另一种解密的方法是利用每个字母在英语中出现的频率. 上面的密文中出现的频率最高的字母是H，而英语中出现频率最高的字母是E，因此考虑将密文中的字母H与E对应似乎应是合理的. 由约定的字母与数的对应关系，E 对应数字 5，H 对应数字 8，因此得同余式方程 $8 = (5 + K)(\mathrm{mod}\ 26)$，解得 $K = 3$.

由于在置换密码中同一明文字母总是对应同一密文字母，人们可以利用字母出现的频

率、重复方式及字母与字母的结合方式等规律，应用到密码的同余式方程中解方程. 因此用这种密码书写的密文是很容易破译，其保密性很差. 于是编码学家创造出了一种新的密码，称之为矩阵密码.

矩阵密码是置换密码的一种改进，为了避免同一明文字母总是对应同一密文字母，导致容易被解密的问题，考虑选取若干个(n 个) 密文字母，让每一个密文字母对应 n 个明文字母的线性组合，同时建立 n 个相应的对应关系式，以构成一个密文字母与明文字母的 n 元线性方程组. 由于在线性方程组的解向量中不同变元可以有相同的值，就使得同一字母可以有不同的对应，这样就不容易被破译了.

具体讲，矩阵密码是将一组 n 个明文字母分派给一组 n 个密文字母，同一字母可以有不同的对应，每个字母用一个数代表：让 1 到 26 表示 A 到 Z，27 表示“空格”，28 表示“?”，29 表示“!”，就可以构成一种密码表，如表 2-5 所示：

表 2-5　密码表

1	2	3	4	5	6	7	8	9	10	11	12	13	14	15
A	B	C	D	E	F	G	H	I	J	K	L	M	N	O
16	17	18	19	20	21	22	23	24	25	26	27	28	29	
P	Q	R	S	T	U	V	W	X	Y	Z		?	!	

为说明简便起见，取 $n=2$，即加密过程是同时取两个明文字母 P_1 和 P_2，用它们的等价数字置换成具有如下形式的同余式：

$$C_1=(aP_1+bP_2)\pmod{29}$$
$$C_2=(cP_1+dP_2)\pmod{29}$$

其中，a,b,c,d 是经过选择的方程组的整数系数.

这一同余关系式就构成了明文字母 P_1 和 P_2 的等价密文字母 C_1 和 C_2，按这组同余关系式可对 26 个英文字母两两建立对应关系就构成密码，从而对英文信息进行加密. 这就是矩阵密码的基本原理. 使用矩阵乘法，上述加密过程可表示得更为简洁.

令 $\boldsymbol{M}=\begin{bmatrix} a & b \\ c & d \end{bmatrix}$，并称其为密码矩阵，则加密过程可记作

$$\begin{bmatrix} C_1 \\ C_2 \end{bmatrix}=\boldsymbol{M}\begin{bmatrix} P_1 \\ P_2 \end{bmatrix}\pmod{29}$$

这种加密方法破坏了字母出现频率的不变性，加大了破译的难度. 为使破译更加困难，还可使用更大的 n. 例如取 $n=3$，并选择加密矩阵为 $\boldsymbol{M}=\begin{bmatrix} 0 & 2 & 3 \\ 1 & 4 & 7 \\ 2 & 3 & 6 \end{bmatrix}$，则加密过程可记作

$$\begin{bmatrix} C_1 \\ C_2 \\ C_3 \end{bmatrix}=\boldsymbol{M}\begin{bmatrix} P_1 \\ P_2 \\ P_3 \end{bmatrix}\pmod{29}$$

假设要加密的密文是 UNITED NATIONS，按矩阵密码的设定方式，这组明文字母的

等价数字是 21,14,9,20,5,4,27,14,1,20,9,15,14,19.

因为 $n=3$,所以让每连续三个字母成为一个列向量,这样以上明文字母所对应的数字依次排列可构成一个数字矩阵

$$\begin{bmatrix}21 & 20 & 27 & 20 & 14\\ 14 & 5 & 14 & 9 & 19\\ 9 & 4 & 1 & 15 & 27\end{bmatrix}$$

根据相应同余方程组对其作矩阵运算便可将其转换为密文,即

$$\begin{aligned}&\begin{bmatrix}0 & 2 & 3\\ 1 & 4 & 7\\ 2 & 3 & 6\end{bmatrix}\begin{bmatrix}21 & 20 & 27 & 20 & 14\\ 14 & 5 & 14 & 9 & 19\\ 9 & 4 & 1 & 15 & 27\end{bmatrix}\pmod{29}\\ =&\begin{bmatrix}55 & 22 & 31 & 63 & 119\\ 140 & 68 & 90 & 161 & 279\\ 138 & 79 & 102 & 157 & 247\end{bmatrix}\pmod{29}\\ =&\begin{bmatrix}26 & 22 & 2 & 5 & 3\\ 24 & 10 & 3 & 16 & 18\\ 22 & 21 & 15 & 12 & 15\end{bmatrix}\\ =&\begin{bmatrix}\mathrm{Z} & \mathrm{V} & \mathrm{B} & \mathrm{E} & \mathrm{C}\\ \mathrm{X} & \mathrm{J} & \mathrm{C} & \mathrm{P} & \mathrm{R}\\ \mathrm{V} & \mathrm{U} & \mathrm{O} & \mathrm{L} & \mathrm{O}\end{bmatrix}\end{aligned}$$

于是得到这条信息的密文字母是 ZXVVJUBCOEPLCRO .

此时英文拼写规则中的字母出现频率的不变性已被打破了,破译者试图通过分析密文字母中的字母出现频率来破译密文就困难多了. 而对于这种用矩阵密码加密的密文,通讯接收方只要有了相应的密码矩阵的逆矩阵就可对密文进行解密,以得到明文信息.

例 19　假设密码矩阵不变,考虑对如下密文

WUUF! VNSOWVKLMHURLQHKWKI

进行解密.

解　首先按密码表将这组密文字母转化为等价数字. 这组密文字母的等价数字是

23,21,21,6,29,22,14,19,15,23,22,11,12,13,8,21,18,12,17,8,11,23,11,9

让每连续三个字母成为一个列向量,则密文字母所对应的数字构成的数字矩阵为

$$\begin{bmatrix}23 & 6 & 14 & 23 & 12 & 21 & 17 & 23\\ 21 & 29 & 19 & 22 & 13 & 18 & 8 & 11\\ 21 & 22 & 15 & 11 & 8 & 12 & 11 & 9\end{bmatrix}$$

则解密过程的同余方程可记作

$$\begin{bmatrix}P_1\\ P_2\\ P_3\end{bmatrix}=\boldsymbol{M}^{-1}\begin{bmatrix}C_1\\ C_2\\ C_3\end{bmatrix}\pmod{29}$$

考虑对密文字母构成的数字矩阵进行逐列解密.

由密码矩阵$\boldsymbol{M}=\begin{bmatrix}0&2&3\\1&4&7\\2&3&6\end{bmatrix}$求得其逆矩阵为$\boldsymbol{M}^{-1}=\begin{bmatrix}3&-3&2\\8&-6&3\\-5&4&-2\end{bmatrix}$，则由解密过程的同余方程有

$$\begin{bmatrix}3&-3&2\\8&-6&3\\-5&4&-2\end{bmatrix}\begin{bmatrix}23&6&14&23&12&21&17&23\\21&29&19&22&13&18&8&11\\21&22&15&11&8&12&11&9\end{bmatrix}\pmod{29}$$

$$=\begin{bmatrix}48&-25&15&25&13&33&49&54\\121&-60&43&85&42&96&121&145\\-73&42&-24&-49&-24&-57&-75&-89\end{bmatrix}\pmod{29}$$

$$=\begin{bmatrix}19&4&15&25&13&4&20&25\\5&27&14&27&13&9&5&29\\14&13&5&9&5&1&12&27\end{bmatrix}=\begin{bmatrix}S&D&O&Y&M&D&T&Y\\E&&N&&M&I&E&!\\N&M&E&I&E&A&L&\end{bmatrix}$$

由此便完成了对密文的解密，其明文信息是

SEND MONEY IMMEDIATELY!

密码的破译过程除了要了解明文发送方的密码编制原理外，很大程度上就是确定密码矩阵的逆矩阵. 为了保证密码系统的保密性，可使用更大的 n，以使得相应密码矩阵的逆矩阵更难以被求出. 应注意的是，在选择密码矩阵时，应保证其逆矩阵必需是整数矩阵，即矩阵中的元素是整数.

第四节　几类特殊矩阵

一、对角矩阵

形如

$$\boldsymbol{A}=\begin{bmatrix}a_{11}&0&\cdots&0\\0&a_{22}&\cdots&0\\\vdots&\vdots&&\vdots\\0&0&\cdots&a_{nn}\end{bmatrix}$$

的矩阵称为对角矩阵.

对角矩阵 $\boldsymbol{A}$ 中除了主对角线上的元素 $a_{ij}\,(i=j=1,2,\cdots,n)$ 外，其他元素均为零，显然，对角矩阵为方阵.

(1) 设

$$\boldsymbol{A}=\begin{bmatrix}a_{11}&0&\cdots&0\\0&a_{22}&\cdots&0\\\vdots&\vdots&&\vdots\\0&0&\cdots&a_{nn}\end{bmatrix},\quad \boldsymbol{B}=\begin{bmatrix}b_{11}&0&\cdots&0\\0&b_{22}&\cdots&0\\\vdots&\vdots&&\vdots\\0&0&\cdots&b_{nn}\end{bmatrix}$$

则

$$AB=BA=\begin{bmatrix} a_{11}b_{11} & 0 & \cdots & 0 \\ 0 & a_{22}b_{22} & \cdots & 0 \\ \vdots & \vdots & & \vdots \\ 0 & 0 & \cdots & a_{nn}b_{nn} \end{bmatrix}$$

(2) 对角矩阵$\boldsymbol{A}$可逆的充要条件是主对角线上的元素全是非零的，即$a_{ij}\neq 0(i=j=1,2,\cdots,n)$，此时

$$\boldsymbol{A}^{-1}=\begin{bmatrix} a_{11}^{-1} & 0 & \cdots & 0 \\ 0 & a_{22}^{-1} & \cdots & 0 \\ \vdots & \vdots & & \vdots \\ 0 & 0 & \cdots & a_{nn}^{-1} \end{bmatrix}$$

二、三角形矩阵

形如

$$\boldsymbol{A}=\begin{bmatrix} a_{11} & a_{12} & \cdots & a_{1n} \\ 0 & a_{22} & \cdots & a_{2n} \\ \vdots & \vdots & & \vdots \\ 0 & 0 & \cdots & a_{nn} \end{bmatrix}$$

的矩阵称为上三角形矩阵.

形如

$$\boldsymbol{B}=\begin{bmatrix} b_{11} & 0 & \cdots & 0 \\ b_{21} & b_{22} & \cdots & 0 \\ \vdots & \vdots & & \vdots \\ b_{n1} & b_{n2} & \cdots & b_{nn} \end{bmatrix}$$

的矩阵称为下三角形矩阵.

上(下) 三角形矩阵统称为三角形矩阵

三、对称矩阵和反对称矩阵

如果方阵$\boldsymbol{A}=(a_{ij})$满足$\boldsymbol{A}^{\mathrm{T}}=\boldsymbol{A}$，那么称$\boldsymbol{A}$是对称矩阵. 由定义知，对称矩阵中的元素均满足$a_{ij}=a_{ji}(i,j=1,2,\cdots,n)$，即以对角线为对称轴对应相等. 如果方阵$\boldsymbol{A}=(a_{ij})$满足$\boldsymbol{A}^{\mathrm{T}}=-\boldsymbol{A}$，那么称$\boldsymbol{A}$为反对称矩阵. 由定义知，反对称矩阵的主对角线上的元素一定为零，其余元素均为$a_{ij}=-a_{ji}(i\neq j$，且$i,j=1,2,\cdots,n)$.

对称和反对称矩阵具有以下简单性质：

性质 1　对称(反对称) 矩阵的和、差仍然是对称(反对称) 矩阵.

性质 2　数乘对称(反对称) 矩阵仍然是对称(反对称) 矩阵.

注意：两个对称(反对称) 矩阵的乘数，不一定是对称(反对称) 矩阵.

性质 3　奇数阶反对称矩阵的行列式等于零.

证明　因为$\boldsymbol{A}^{\mathrm{T}}=-\boldsymbol{A}$，而$|\boldsymbol{A}|=|\boldsymbol{A}^{\mathrm{T}}|$，即

$$|\boldsymbol{A}|=|-\boldsymbol{A}|=(-1)^{n}|\boldsymbol{A}|=-|\boldsymbol{A}|$$

所以$|\boldsymbol{A}|=0$.

第五节　分块矩阵

一、分块矩阵的概念

对于行数和列数较高的矩阵$\boldsymbol{A}$,运算时常采用分块法,使大矩阵的运算化成小矩阵的运算. 我们将矩阵$\boldsymbol{A}$用若干条纵线和横线分成许多个矩阵,每一个小矩阵称为$\boldsymbol{A}$的子块,以子块为元素的形式上的矩阵称为分块矩阵.

例如将3×4矩阵

$$\boldsymbol{A}=\begin{bmatrix} a_{11} & a_{12} & a_{13} & a_{14} \\ a_{21} & a_{22} & a_{23} & a_{24} \\ a_{31} & a_{32} & a_{33} & a_{34} \end{bmatrix}$$

分成子块的分法很多,下面举出三种分块形式:

$$(1)\ \boldsymbol{A}=\left[\begin{array}{cc:cc} a_{11} & a_{12} & a_{13} & a_{14} \\ \hdashline a_{21} & a_{22} & a_{23} & a_{24} \\ a_{31} & a_{32} & a_{33} & a_{34} \end{array}\right];$$

$$(2)\ \boldsymbol{A}=\left[\begin{array}{c:cc:c} a_{11} & a_{12} & a_{13} & a_{14} \\ a_{21} & a_{22} & a_{23} & a_{24} \\ \hdashline a_{31} & a_{32} & a_{33} & a_{34} \end{array}\right];$$

$$(3)\ \boldsymbol{A}=\left[\begin{array}{c:c:c:c} a_{11} & a_{12} & a_{13} & a_{14} \\ a_{21} & a_{22} & a_{23} & a_{24} \\ a_{31} & a_{32} & a_{33} & a_{34} \end{array}\right].$$

分法(1)可记为$\boldsymbol{A}=\begin{bmatrix} \boldsymbol{A}_{11} & \boldsymbol{A}_{12} \\ \boldsymbol{A}_{21} & \boldsymbol{A}_{22} \end{bmatrix}$,其中

$$\boldsymbol{A}_{11}=\begin{bmatrix} a_{11} & a_{12} \end{bmatrix},\quad \boldsymbol{A}_{12}=\begin{bmatrix} a_{13} & a_{14} \end{bmatrix},\quad \boldsymbol{A}_{21}=\begin{bmatrix} a_{21} & a_{22} \\ a_{31} & a_{32} \end{bmatrix},\quad \boldsymbol{A}_{22}=\begin{bmatrix} a_{23} & a_{24} \\ a_{33} & a_{34} \end{bmatrix}$$

即$\boldsymbol{A}_{11},\boldsymbol{A}_{12},\boldsymbol{A}_{21},\boldsymbol{A}_{22}$为$\boldsymbol{A}$的子块,而$\boldsymbol{A}$形式上成为以这些子块为元素的分块矩阵.

矩阵分块方式是相当任意的,而矩阵分块更重要的用处是矩阵运算可以通过子块的运算进行.

二、分块矩阵的运算

分块矩阵的运算规则与普通矩阵的运算规则相类似,现分别说明如下.

1. 加法

设矩阵$\boldsymbol{A}$与$\boldsymbol{B}$的行数相同,列数相同,采用相同的分块法,有

$$\boldsymbol{A}=\begin{bmatrix} \boldsymbol{A}_{11} & \cdots & \boldsymbol{A}_{1r} \\ \vdots & & \vdots \\ \boldsymbol{A}_{s1} & \cdots & \boldsymbol{A}_{sr} \end{bmatrix},\quad \boldsymbol{B}=\begin{bmatrix} \boldsymbol{B}_{11} & \cdots & \boldsymbol{B}_{1r} \\ \vdots & & \vdots \\ \boldsymbol{B}_{s1} & \cdots & \boldsymbol{B}_{sr} \end{bmatrix}$$

其中 $\boldsymbol{A}_{ij}$ 与 $\boldsymbol{B}_{ij}$ 的行数相同,列数相同,那么

$$\boldsymbol{A}+\boldsymbol{B}=\begin{bmatrix}\boldsymbol{A}_{11}+\boldsymbol{B}_{11} & \cdots & \boldsymbol{A}_{1r}+\boldsymbol{B}_{1r}\\ \vdots & & \vdots\\ \boldsymbol{A}_{s1}+\boldsymbol{B}_{s1} & \cdots & \boldsymbol{A}_{sr}+\boldsymbol{B}_{sr}\end{bmatrix}$$

2. 数乘

设 $\boldsymbol{A}=\begin{bmatrix}\boldsymbol{A}_{11} & \cdots & \boldsymbol{A}_{1r}\\ \vdots & & \vdots\\ \boldsymbol{A}_{s1} & \cdots & \boldsymbol{A}_{sr}\end{bmatrix}$,$\lambda$ 为数,那么

$$\lambda\boldsymbol{A}=\begin{bmatrix}\lambda\boldsymbol{A}_{11} & \cdots & \lambda\boldsymbol{A}_{1r}\\ \vdots & & \vdots\\ \lambda\boldsymbol{A}_{s1} & \cdots & \lambda\boldsymbol{A}_{sr}\end{bmatrix}$$

3. 乘法

设 $\boldsymbol{A}$ 为 $m\times l$ 矩阵,$\boldsymbol{B}$ 为 $l\times n$ 矩阵,分块成

$$\boldsymbol{A}=\begin{bmatrix}\boldsymbol{A}_{11} & \cdots & \boldsymbol{A}_{1t}\\ \vdots & & \vdots\\ \boldsymbol{A}_{s1} & \cdots & \boldsymbol{A}_{st}\end{bmatrix},\quad \boldsymbol{B}=\begin{bmatrix}\boldsymbol{B}_{11} & \cdots & \boldsymbol{B}_{1r}\\ \vdots & & \vdots\\ \boldsymbol{B}_{t1} & \cdots & \boldsymbol{B}_{tr}\end{bmatrix}$$

其中,$\boldsymbol{A}_{i1},\boldsymbol{A}_{i2},\cdots,\boldsymbol{A}_{it}$ 的列数分别等于 $\boldsymbol{B}_{1j},\boldsymbol{B}_{2j},\cdots,\boldsymbol{B}_{tj}$ 的行数,那么

$$\boldsymbol{AB}=\begin{bmatrix}\boldsymbol{C}_{11} & \cdots & \boldsymbol{C}_{1r}\\ \vdots & & \vdots\\ \boldsymbol{C}_{s1} & \cdots & \boldsymbol{C}_{sr}\end{bmatrix}$$

其中 $\boldsymbol{C}_{ij}=\sum\limits_{k=1}^{t}\boldsymbol{A}_{ik}\boldsymbol{B}_{kj}\,(i=1,\cdots,s;j=1,\cdots,r)$.

例 20　设 $\boldsymbol{A}=\begin{bmatrix}1 & 0 & 0 & 0\\ 0 & 1 & 0 & 0\\ -1 & 2 & 1 & 0\\ 1 & 1 & 0 & 1\end{bmatrix}$,$\boldsymbol{B}=\begin{bmatrix}1 & 0 & 1 & 0\\ -1 & 2 & 0 & 1\\ 1 & 0 & 4 & 1\\ -1 & -1 & 2 & 0\end{bmatrix}$,求 $\boldsymbol{AB}$.

解　把 $\boldsymbol{A}$ 和 $\boldsymbol{B}$ 分别分块成

$$\boldsymbol{A}=\left[\begin{array}{cc:cc}1 & 0 & 0 & 0\\ 0 & 1 & 0 & 0\\ \hdashline -1 & 2 & 1 & 0\\ 1 & 1 & 0 & 1\end{array}\right]=\begin{bmatrix}\boldsymbol{E} & \boldsymbol{O}\\ \boldsymbol{A}_1 & \boldsymbol{E}\end{bmatrix}$$

$$\boldsymbol{B}=\left[\begin{array}{cc:cc}1 & 0 & 1 & 0\\ -1 & 2 & 0 & 1\\ \hdashline 1 & 0 & 4 & 1\\ -1 & -1 & 2 & 0\end{array}\right]=\begin{bmatrix}\boldsymbol{B}_1 & \boldsymbol{E}\\ \boldsymbol{B}_2 & \boldsymbol{B}_3\end{bmatrix}$$

则

$$\boldsymbol{AB}=\begin{bmatrix}\boldsymbol{E} & \boldsymbol{O}\\ \boldsymbol{A}_1 & \boldsymbol{E}\end{bmatrix}\begin{bmatrix}\boldsymbol{B}_1 & \boldsymbol{E}\\ \boldsymbol{B}_2 & \boldsymbol{B}_3\end{bmatrix}=\begin{bmatrix}\boldsymbol{B}_1 & \boldsymbol{E}\\ \boldsymbol{A}_1\boldsymbol{B}_1+\boldsymbol{B}_2 & \boldsymbol{A}_1+\boldsymbol{B}_3\end{bmatrix}$$

因为

$$A_1B_1+B_2=\begin{bmatrix}-1&2\\1&1\end{bmatrix}\begin{bmatrix}1&0\\-1&2\end{bmatrix}+\begin{bmatrix}1&0\\-1&-1\end{bmatrix}$$

$$=\begin{bmatrix}-3&4\\0&2\end{bmatrix}+\begin{bmatrix}1&0\\-1&-1\end{bmatrix}=\begin{bmatrix}-2&4\\-1&1\end{bmatrix}$$

$$A_1+B_3=\begin{bmatrix}-1&2\\1&1\end{bmatrix}+\begin{bmatrix}4&1\\2&0\end{bmatrix}=\begin{bmatrix}3&3\\3&1\end{bmatrix}$$

所以

$$AB=\begin{bmatrix}1&0&1&0\\-1&2&0&1\\-2&4&3&3\\-1&1&3&1\end{bmatrix}$$

三、分块对角矩阵的逆矩阵

设 A 为 n 阶矩阵，若 A 的分块矩阵在对角线上有非零子块，其余子块都为零矩阵，且在对角线上的子块都是方阵，即

$$A=\begin{bmatrix}A_1&O&\cdots&O\\O&A_2&\cdots&O\\\vdots&\vdots&&\vdots\\O&O&\cdots&A_s\end{bmatrix}$$

其中 $A_i(i=1,2,\cdots,s)$ 为方阵，那么称 A 为分块对角矩阵. 其性质如下：

(1) $|A|=|A_1||A_2|\cdots|A_s|$；

(2) 若 $|A_i|\neq 0(i=1,2,\cdots,s)$，则 $|A|\neq 0$，且

$$A^{-1}=\begin{bmatrix}A_1^{-1}&O&\cdots&O\\O&A_2^{-1}&\cdots&O\\\vdots&\vdots&&\vdots\\O&O&\cdots&A_s^{-1}\end{bmatrix}$$

例 21 设 $A=\begin{bmatrix}5&0&0\\0&3&1\\0&2&1\end{bmatrix}$，求 A^{-1}.

解 设

$$A=\left[\begin{array}{c:cc}5&0&0\\\hdashline 0&3&1\\0&2&1\end{array}\right]=\begin{bmatrix}A_1&O\\O&A_2\end{bmatrix}$$

由 $A_1=[5]$ 得 $A_1^{-1}=\left[\dfrac{1}{5}\right]$，由 $A_2=\begin{bmatrix}3&1\\2&1\end{bmatrix}$ 得 $A_2^{-1}=\begin{bmatrix}1&-1\\-2&3\end{bmatrix}$，所以

$$A^{-1}=\begin{bmatrix}\frac{1}{5}&0&0\\0&1&-1\\0&-2&3\end{bmatrix}$$

对矩阵分块时，有两种分块法应予特别重视，这就是按行分块和按列分块. 对

$$\boldsymbol{A}=\begin{bmatrix}a_{11} & \cdots & a_{1n}\\ \vdots & & \vdots\\ a_{m1} & \cdots & a_{mn}\end{bmatrix}$$

按行分块，有

$$\boldsymbol{A}=\begin{bmatrix}\boldsymbol{A}_1^{\mathrm{T}}\\ \boldsymbol{A}_2^{\mathrm{T}}\\ \vdots\\ \boldsymbol{A}_m^{\mathrm{T}}\end{bmatrix},\qquad \boldsymbol{A}_i^{\mathrm{T}}=[a_{i1}\quad a_{i2}\quad \cdots \quad a_{in}],i=1,2,\cdots,m$$

按列分块，有

$$\boldsymbol{A}=[\boldsymbol{A}_1\quad \boldsymbol{A}_2\quad \cdots \quad \boldsymbol{A}_n],\qquad \boldsymbol{A}_j=\begin{bmatrix}a_{1j}\\ a_{2j}\\ \vdots\\ a_{mj}\end{bmatrix},j=1,2,\cdots,n$$

第六节　矩阵的初等行变换

矩阵的初等变换是矩阵的一种十分重要的运算，它在解线性方程组、求逆阵及矩阵理论的探讨中都起着重要的作用.

一、矩阵的初等变换

我们知道用高斯消元法解线性方程组时，经常要反复进行以下三种变换：

(1) 将两个方程位置互换；

(2) 用不为零的数乘某个方程；

(3) 一个方程加上另一个方程的 k 倍.

这三种变换称为方程组的初等变换，而线性方程组经过变换后其解不变.

如果从矩阵的角度来看方程组的初等变换，就有矩阵的初等行变换的概念.

定义 16　矩阵的初等行变换是指

(1) 互换矩阵任意两行的位置($r_i \leftrightarrow r_j$)；

(2) 用一个非零常数 k 乘矩阵的某一行中的所有元素(kr_i)；

(3) 将矩阵某一行乘一个常数 k 加到另一行对应元素上(第 j 行的 k 倍加到第 i 行上，记 r_i+kr_j).

分别称以上三种变换为互换变换、倍乘变换、倍加变换.

如果把上面定义中“行” 换成“列”(即 r 换成 c)，则得矩阵的初等列变换的定义. 矩阵的初等行变换和初等列变换统称为初等变换.

下面主要运用矩阵的初等行变换来介绍.

二、初等方阵

定义 17　对单位矩阵 $\boldsymbol{E}$ 进行一次初等变换所得到的矩阵，称为初等方阵. 对应于三种

初等变换,有三种类型的初等方阵.

1. 初等互换方阵

$$
\boldsymbol{P}_{i,j}=\begin{bmatrix}
1 &&&&&&&& \\
& 1 &&&&&&& \\
&& 0 & \cdots & \cdots & \cdots & 1 && \\
&& \vdots & 1 &&& \vdots && \\
&& \vdots && \ddots && \vdots && \\
&& \vdots &&& 1 & \vdots && \\
&& 1 & \cdots & \cdots & \cdots & 0 && \\
&&&&&&& 1 & \\
&&&&&&&& 1
\end{bmatrix}
\begin{matrix} \\ \\ \text{第 } i \text{ 行} \\ \\ \\ \\ \text{第 } j \text{ 行} \\ \\ \\ \end{matrix}
$$

其中 $\boldsymbol{P}_{i,j}$ 是由单位方阵 $\boldsymbol{E}$ 中第 i,j 行互换或第 i,j 列互换而得到的.

2. 初等倍乘方阵

$$
\boldsymbol{P}_{i(k)}=\begin{bmatrix}
1 &&&&&& \\
& \ddots &&&&& \\
&& 1 &&&& \\
&&& k &&& \\
&&&& 1 && \\
&&&&& \ddots & \\
&&&&&& 1
\end{bmatrix}
\begin{matrix} \\ \\ \\ \text{第 } i \text{ 行} \\ \\ \\ \\ \end{matrix}
$$

其中 $k\neq 0$,$\boldsymbol{P}_{i(k)}$ 是由单位方阵 $\boldsymbol{E}$ 的第 i 行乘 k 或第 i 列乘 k 而得到的.

3. 初等倍加方阵

$$
\boldsymbol{P}_{i,j(k)}=\begin{bmatrix}
1 &&&&&& \\
& \ddots &&&&& \\
&& 1 & \cdots & k && \\
&& \vdots &&&& \\
&& 0 & \cdots & 1 && \\
&&&&& \ddots & \\
&&&&&& 1
\end{bmatrix}
\begin{matrix} \\ \\ \text{第 } i \text{ 行} \\ \\ \text{第 } j \text{ 行} \\ \\ \\ \end{matrix}
$$

其中 $\boldsymbol{P}_{i,j(k)}$ 是由单位方阵 $\boldsymbol{E}$ 的第 j 行乘 k 加到第 i 行或第 i 列乘 k 加到第 j 列而得到的.

易证 $|\boldsymbol{P}_{i,j}|=-1$,$|\boldsymbol{P}_{i(k)}|=k$,$|\boldsymbol{P}_{i,j(k)}|=1$,所以它们都是可逆矩阵,而它们的逆矩阵分别是

$$
\boldsymbol{P}_{i,j}^{-1}=\boldsymbol{P}_{i,j}\,,\quad \boldsymbol{P}_{i,(k)}^{-1}=\boldsymbol{P}_{i(\frac{1}{k})}\,,\quad \boldsymbol{P}_{i,j(k)}^{-1}=\boldsymbol{P}_{i,j(-k)}
$$

易知 $\boldsymbol{P}_{i,j}^{-1}$,$\boldsymbol{P}_{i(k)}^{-1}$,$\boldsymbol{P}_{i,j(k)}^{-1}$ 都是初等方阵.

可以证明,对一个 $m\times n$ 矩阵 $\boldsymbol{A}$ 施行一次初等行变换,相当于 $\boldsymbol{A}$ 的左边乘以相应的 m 阶初等方阵;对 $\boldsymbol{A}$ 施行一次初等列变换,相当于在 $\boldsymbol{A}$ 的右边乘以相应的 n 阶初等方阵. 具体地说:$\boldsymbol{A}$ 的第 i 行(列) 与第 j 行(列) 互换等同于 $\boldsymbol{P}_{i,j}\boldsymbol{A}$(或 $\boldsymbol{A}\boldsymbol{P}_{i,j}$);$\boldsymbol{A}$ 的第 i 行(列) 乘 k 等同于 $\boldsymbol{P}_{i(k)}\boldsymbol{A}$(或 $\boldsymbol{A}\boldsymbol{P}_{i(k)}$);$\boldsymbol{A}$ 的第 j 行(列) 乘 k 加至第 i 行(列) 等同于 $\boldsymbol{P}_{i,j(k)}\boldsymbol{A}$(或 $\boldsymbol{A}\boldsymbol{P}_{j,i(k)}$).

下面用初等变换的概念给出求逆矩阵的另一种较为方便的方法.

三、运用初等行变换求逆矩阵

定理 4 任意一个矩阵 $\boldsymbol{A}=(a_{ij})_{m\times n}$ 经过若干次初等变换,可以化为如下形式的矩阵

$$\boldsymbol{F}=\begin{bmatrix}1&&&&&&\\&1&&&&&\\&&\ddots&&&&\\&&&1&&&\\&&&&0&&\\&&&&&\ddots&\\&&&&&&0\end{bmatrix}=\begin{bmatrix}\boldsymbol{E}_r&\boldsymbol{O}\\\boldsymbol{O}&\boldsymbol{O}\end{bmatrix}$$

其中 $\boldsymbol{E}_r$ 为 r 阶单位矩阵.

证明 如果所有 $a_{ij}=0(i=1,2,\cdots m;j=1,2,\cdots n)$,那么 $\boldsymbol{A}$ 就是 $\boldsymbol{F}$ 的形式,此时 $r=0$.

如果 a_{ij} 中至少有一个不为零,不妨假设 $a_{11}\neq 0$(如果 $a_{11}=0$,可以对 $\boldsymbol{A}$ 进行行(列)变换的互换位置,使 $a_{11}\neq 0$),用 $-a_{i1}/a_{11}$ 乘第一行加到第 i 行上($i=2,3,\cdots,m$),然后用$-a_{1j}/a_{11}$ 乘所得到矩阵的第一列加到第 j 列上($j=2,\cdots,n$),再用 $1/a_{11}$ 乘第一行,于是 $\boldsymbol{A}$ 化为

$$\boldsymbol{A}_1=\begin{bmatrix}1&0&\cdots&0\\0&a'_{22}&\cdots&a'_{2n}\\\vdots&\vdots&\vdots&\vdots\\0&a'_{m2}&\cdots&a'_{mn}\end{bmatrix}=\begin{bmatrix}1&\boldsymbol{O}\\\boldsymbol{O}&\boldsymbol{B}_1\end{bmatrix}$$

其中 $\boldsymbol{B}_1$ 是$(m-1)\times(n-1)$ 矩阵.

如果 $\boldsymbol{B}_1=\boldsymbol{O}$,那么 $\boldsymbol{A}$ 化为 $\boldsymbol{F}$ 的形式,如果 $\boldsymbol{B}_1\neq\boldsymbol{O}$,那么按上述方法继续做下去,最后总可以化为 $\boldsymbol{F}$ 的形式.

证毕.

由于对 $\boldsymbol{A}$ 施行了初等变换化成了矩阵 $\boldsymbol{F}$,相当于有初等矩阵 $\boldsymbol{P}_1,\boldsymbol{P}_2,\cdots,\boldsymbol{P}_s,\boldsymbol{Q}_1,\boldsymbol{Q}_2,\cdots,\boldsymbol{Q}_t$ 满足

$$\boldsymbol{P}_s\boldsymbol{P}_{s-1}\cdots\boldsymbol{P}_2\boldsymbol{P}_1\boldsymbol{A}\boldsymbol{Q}_1\boldsymbol{Q}_2\cdots\boldsymbol{Q}_t=\boldsymbol{F}\tag{4}$$

于是有下面的定理.

定理 5 如果 $\boldsymbol{A}$ 为可逆方阵,则 $\boldsymbol{F}=\boldsymbol{E}$.

证明 因为 $\boldsymbol{A}$ 可逆,即 $|\boldsymbol{A}|\neq 0$.

由定理 1 和式(4) 可知

$$\boldsymbol{F}=\boldsymbol{P}_s\boldsymbol{P}_{s-1}\cdots\boldsymbol{P}_1\boldsymbol{A}\boldsymbol{Q}_1\cdots\boldsymbol{Q}_t$$

其中 $\boldsymbol{P}_i(i=1,2,\cdots,s)$,$\boldsymbol{Q}_i(i=1,2,\cdots,t)$ 都是初等方阵.

因为初等方阵可逆,可知 $\boldsymbol{F}$ 也可逆,即 $|\boldsymbol{F}|\neq 0$,所以 $\boldsymbol{F}=\boldsymbol{E}$.

证毕.

利用定理可知,对可逆矩阵 $\boldsymbol{A}$,存在初等矩阵 $\boldsymbol{P}_i(i=1,2,\cdots,s)$,$\boldsymbol{G}_i(i=1,2,\cdots,t)$ 使得

$$\boldsymbol{P}_s\boldsymbol{P}_{s-1}\cdots\boldsymbol{P}_2\boldsymbol{P}_1\boldsymbol{A}\boldsymbol{G}_1\boldsymbol{G}_2\cdots\boldsymbol{G}_{t-1}\boldsymbol{G}_t=\boldsymbol{E}$$

即

$$\boldsymbol{P}_s\boldsymbol{P}_{s-1}\cdots\boldsymbol{P}_2\boldsymbol{P}_1\boldsymbol{A}=\boldsymbol{E}\boldsymbol{G}_t^{-1}\boldsymbol{G}_{t-1}^{-1}\cdots\boldsymbol{G}_2^{-1}\boldsymbol{G}_1^{-1}$$

所以

$$\boldsymbol{A}=\boldsymbol{P}_1^{-1}\boldsymbol{P}_2^{-1}\cdots\boldsymbol{P}_{s-1}^{-1}\boldsymbol{P}_s^{-1}\boldsymbol{G}_t^{-1}\boldsymbol{G}_{t-1}^{-1}\cdots\boldsymbol{G}_2^{-1}\boldsymbol{G}_1^{-1}$$

由于 P_λ^{-1}，G_λ^{-1} 也为初等矩阵.

所以：推论 1：可逆矩阵 $A \cdot T$ 表示成初等矩阵的乘积.

$$G_1 G_2 \cdots G_t P_s \cdots P_2 P_1 A = E \tag{5}$$

同右乘 A^{-1}，得

$$G_1 G_2 \cdots G_{t-1} G_t P_s \cdots P_2 P_1 A A^{-1} = E A^{-1}$$

即

$$G_1 G_2 \cdots G_{t-1} G_t P_s \cdots P_2 P_1 E = A^{-1} \tag{6}$$

比较式(5) 和式(6)，发现对 A 进行一系列初等行变换转化成为 E，对 E 进行同样的这一系列初等行变换得到 A^{-1}，由此得到求逆矩阵的另一种方法. 即在 A 的右边同时写出与 A 同阶的单位矩阵，构成一个 $n \times 2n$ 阶矩阵 $[A \quad E]$，然后对 $[A \quad E]$ 进行初等行变换，当它的左块化成单位矩阵时，它的右块就是 A^{-1}，求出 A^{-1} 是唯一的.

例 22　设 $A = \begin{bmatrix} 1 & 2 & -1 \\ 3 & 4 & -2 \\ 5 & -4 & 1 \end{bmatrix}$，求 A^{-1}.

$$[A \quad E] = \begin{bmatrix} 1 & 2 & -1 & 1 & 0 & 0 \\ 3 & 4 & -2 & 0 & 1 & 0 \\ 5 & -4 & 1 & 0 & 0 & 1 \end{bmatrix} \xrightarrow[r_3 - 5r_1]{r_2 - 3r_1} \begin{bmatrix} 1 & 2 & -1 & 1 & 0 & 0 \\ 0 & -2 & 1 & -3 & 1 & 0 \\ 0 & -14 & 6 & -5 & 0 & 1 \end{bmatrix}$$

$$\xrightarrow{r_3 - 7r_2} \begin{bmatrix} 1 & 2 & -1 & 1 & 0 & 0 \\ 0 & -2 & 1 & -3 & 1 & 0 \\ 0 & 0 & -1 & 16 & -7 & 1 \end{bmatrix}$$

$$\xrightarrow[r_1 + (-r_3)]{r_2 + r_3} \begin{bmatrix} 1 & 2 & 0 & -15 & 7 & -1 \\ 0 & -2 & 0 & 13 & -6 & 1 \\ 0 & 0 & -1 & 16 & -7 & 1 \end{bmatrix}$$

$$\xrightarrow[(-1) \times r_3]{\substack{r_1 + r_2 \\ (-\frac{1}{2}) \times r_2}} \begin{bmatrix} 1 & 0 & 0 & -2 & 1 & 0 \\ 0 & 1 & 0 & -\frac{13}{2} & 3 & -\frac{1}{2} \\ 0 & 0 & 1 & -16 & 7 & -1 \end{bmatrix}$$

所以

$$A^{-1} = \begin{bmatrix} -2 & 1 & 0 \\ -\frac{13}{2} & 3 & -\frac{1}{2} \\ -16 & 7 & -1 \end{bmatrix}$$

第七节　矩阵的秩

下面我们介绍反映矩阵特征的量 —— 矩阵的秩，它也反映了线性方程组的解的一些情况.

一、矩阵秩的概念

首先给出矩阵的子式的定义.

定义 18　设 $\boldsymbol{A}$ 是一个 $m\times n$ 矩阵，在 $\boldsymbol{A}$ 中任取 k 行、k 列（$1\leqslant k\leqslant \min\{m,n\}$），位于这些行和列相交处的元素，按它们原来的次序组成一个 k 阶行列式，称为矩阵 $\boldsymbol{A}$ 的一个 k 阶子式.

$m\times n$ 矩阵 $\boldsymbol{A}$ 的 k 阶子式共有 $\mathrm{C}_m^k\mathrm{C}_n^k$ 个.

如设矩阵

$$\boldsymbol{A}=\begin{bmatrix}1&2&4&-3&1\\0&0&3&4&-5\\0&0&0&-3&2\\0&0&0&0&0\end{bmatrix}$$

取 $\boldsymbol{A}$ 的第 1,2,3 行与第 2,3,4 列相交处的元素组成一个 $\boldsymbol{A}$ 的三阶子式为

$$\begin{vmatrix}2&4&-3\\0&3&4\\0&0&-3\end{vmatrix}=-18\neq 0$$

取 $\boldsymbol{A}$ 的第 1,3 行与第 3,5 列相交处的元素组成一个 $\boldsymbol{A}$ 的二阶子式为

$$\begin{vmatrix}4&1\\0&2\end{vmatrix}=8\neq 0$$

不难看出，从 $\boldsymbol{A}$ 中可取得一阶、二阶、三阶、四阶子式. 在 $\boldsymbol{A}$ 的所有四阶子式中，易知均为零，而三阶子式不全为零，三阶子式是矩阵 $\boldsymbol{A}$ 中不等于零的子式的最高阶数.

定义 19　矩阵 $\boldsymbol{A}$ 中的非零子式的最高阶数称为矩阵 $\boldsymbol{A}$ 的秩，记作秩($\boldsymbol{A}$) 或 $R(\boldsymbol{A})$.

在上题中，矩阵 $\boldsymbol{A}$ 的秩等于 3，即 $R(\boldsymbol{A})=3$.

例 23　求矩阵 $\boldsymbol{B}=\begin{bmatrix}1&-2&3&5\\0&1&2&1\\1&-1&5&6\end{bmatrix}$ 的秩.

解　因为 $\begin{vmatrix}1&-2\\0&1\end{vmatrix}=1\neq 0$，而 $\boldsymbol{B}$ 的所有三阶子式(4 个) 经计算均为零，即

$$\begin{vmatrix}1&-2&3\\0&1&2\\1&-1&5\end{vmatrix}=0,\quad \begin{vmatrix}1&-2&5\\0&1&1\\1&-1&6\end{vmatrix}=0,\quad \begin{vmatrix}-2&3&5\\1&2&1\\-1&5&6\end{vmatrix}=0,\quad \begin{vmatrix}1&3&5\\0&2&1\\1&5&6\end{vmatrix}=0$$

由定义 19 知 $R(\boldsymbol{B})=2$.

因为零矩阵的所有子式全为零，故规定零矩阵的秩为 0.

用定义 19 求矩阵 $\boldsymbol{A}$ 的秩，计算量较大，下面介绍求矩阵秩的另一种方法 —— 用矩阵的初等变换求秩.

二、用矩阵的初等行变换求矩阵的秩

定义 20　首非零元(即非零行的第 1 个不为零的元素) 的列标随着行标的递增而严格增大，且矩阵的零行位于矩阵的最下方(可以没有零行) 的矩阵称为行阶梯形矩阵.

例如，矩阵

$$\boldsymbol{A}=\begin{bmatrix}3&0&5&-1&2\\0&4&8&0&1\\0&0&0&3&1\\0&0&0&0&0\end{bmatrix},\quad \boldsymbol{B}=\begin{bmatrix}-2&0&1&3\\0&4&0&2\\0&0&0&1\end{bmatrix}$$

都是行阶梯形矩阵,而矩阵

$$C=\begin{bmatrix}1 & 4 & -5 & 3\\0 & 2 & 4 & 4\\0 & -5 & 1 & 0\\0 & 0 & 0 & 0\end{bmatrix},\quad D=\begin{bmatrix}4 & 3 & 1\\0 & 0 & 0\\0 & 5 & -1\end{bmatrix}$$

都不是行阶梯形矩阵

性质 1 行阶梯形矩阵的秩等于它的非零行的行数.

性质 2 任意一个矩阵 $\boldsymbol{A}=(a_{ij})_{m\times n}$ 经过若干次的初等行变换后可以化为一个行阶梯形矩阵.

性质 3 初等行变换不改变矩阵的秩.

性质 4 n 阶可逆矩阵的秩等于 n,反之亦成立,即若一个 n 阶方阵 $\boldsymbol{A}$ 的秩为 n,则 $\boldsymbol{A}$ 必可逆.

由性质 4 可知,n 阶方阵 $\boldsymbol{A}$ 可逆等价于 $R(\boldsymbol{A})=n$,称 $R(\boldsymbol{A})=n$ 的 n 阶方阵为满秩方阵,否则为降秩方阵.

由以上性质,可得到如下定理.

定理 6 任何矩阵 $\boldsymbol{A}=(a_{ij})_{m\times n}$ 都可以经过一系列初等行变换化为行阶梯形矩阵,矩阵 $\boldsymbol{A}$ 的秩等于其相应行阶梯形矩阵非零行的行数.

由此,我们得到了一个求矩阵秩的方法:只要对矩阵进行初等行变换,使其化为行阶梯形矩阵,这个行阶梯形矩阵的非零行的行数即为该矩阵的秩.

例 24 用初等行变换的方法,求矩阵

$$\boldsymbol{A}=\begin{bmatrix}1 & 2 & -3 & 4 & 0\\0 & 1 & 2 & 1 & 1\\-1 & -1 & 5 & -3 & 1\end{bmatrix}$$

的秩.

解
$$\boldsymbol{A}\xrightarrow{r_3+r_1}\begin{bmatrix}1 & 2 & -3 & 4 & 0\\0 & 1 & 2 & 1 & 1\\0 & 1 & 2 & 1 & 1\end{bmatrix}\xrightarrow{r_3-r_2}\begin{bmatrix}1 & 2 & -3 & 4 & 0\\0 & 1 & 2 & 1 & 1\\0 & 0 & 0 & 0 & 0\end{bmatrix}$$

所以 $R(\boldsymbol{A})=2$.

三、矩阵的秩的性质

矩阵的秩是反映矩阵内在特征的一个重要的量.

定理 7 设 $\boldsymbol{A}_{m\times n}$,则

(1) $0\leqslant R(\boldsymbol{A})\leqslant \min\{m,n\}$;

(2) $R(\boldsymbol{A})=R(\boldsymbol{A}^{\mathrm{T}})$.

由秩的定义易证上述结论.

定理 8 设 $\boldsymbol{A}$ 为 $m\times n$ 矩阵,$\boldsymbol{B}$ 和 $\boldsymbol{C}$ 分别为 m 阶和 n 阶满秩方阵,则

$$R(\boldsymbol{A})=R(\boldsymbol{BA})=R(\boldsymbol{AC})$$

证明 由本章式(5)知,对于满秩矩阵 $\boldsymbol{B}$,找到初等方阵 $\boldsymbol{P}_1,\boldsymbol{P}_2,\cdots,\boldsymbol{P}_s$,使得

$$\boldsymbol{P}_s\boldsymbol{P}_{s-1}\cdots\boldsymbol{P}_2\boldsymbol{P}_1\boldsymbol{B}=\boldsymbol{E}$$

即

$$B = P_1^{-1}P_2^{-1}\cdots P_{s-1}^{-1}P_s^{-1}$$

且知 $P_i^{-1}(i=1,2,\cdots,s)$ 也是初等方阵，有

$$BA = P_1^{-1}P_2^{-1}\cdots P_s^{-1}A$$

由本节性质 3 知其秩不变，即 $R(A)=R(BA)$.

同理可得 $R(A)=R(AC)$.

习题二

1. 已知线性变换

$$\begin{cases} x_1 = 2y_1 + 2y_2 + y_3 \\ x_2 = 3y_1 + y_2 + 5y_3 \\ x_3 = 3y_1 + 2y_2 + 3y_3 \end{cases}$$

求从变量 x_1, x_2, x_3 到变量 y_1, y_2, y_3 的线性变换.

2. 已知两个线性变换

$$\begin{cases} x_1 = 2y_1 + y_3 \\ x_2 = -2y_1 + 3y_2 + 2y_3 \\ x_3 = 4y_1 + y_2 + 5y_3 \end{cases} \quad 和 \quad \begin{cases} y_1 = -3z_1 + z_2 \\ y_2 = 2z_1 + z_3 \\ y_3 = -z_2 + 3z_3 \end{cases}$$

求从变量 z_1, z_2, z_3 到变量 x_1, x_2, x_3 的线性变换.

3. 设 $A=\begin{bmatrix} 1 & 1 & 1 \\ 1 & 1 & -1 \\ 1 & -1 & 1 \end{bmatrix}$，$B=\begin{bmatrix} 1 & 2 & 3 \\ -1 & -2 & 4 \\ 0 & 5 & 1 \end{bmatrix}$，求 $3AB-2A$ 及 $A^{T}B$.

4. 计算下列乘积：

(1) $\begin{bmatrix} 4 & 3 & 1 \\ 1 & -2 & 3 \\ 5 & 7 & 0 \end{bmatrix}\begin{bmatrix} 7 \\ 2 \\ 1 \end{bmatrix}$；　　(2) $\begin{bmatrix} 1 & 2 & 3 \end{bmatrix}\begin{bmatrix} 3 \\ 2 \\ 1 \end{bmatrix}$；

(3) $\begin{bmatrix} 3 \\ 2 \\ 1 \end{bmatrix}\begin{bmatrix} 1 & 2 & 3 \end{bmatrix}$；　　(4) $\begin{bmatrix} 2 & 1 & 4 & 0 \\ 1 & -1 & 3 & 4 \end{bmatrix}\begin{bmatrix} 1 & 3 & 1 \\ 0 & -1 & 2 \\ 1 & -3 & 1 \\ 4 & 0 & -2 \end{bmatrix}$；

(5) $\begin{bmatrix} x_1 & x_2 & x_3 \end{bmatrix}\begin{bmatrix} a_{11} & a_{12} & a_{13} \\ a_{21} & a_{22} & a_{23} \\ a_{31} & a_{32} & a_{33} \end{bmatrix}\begin{bmatrix} x_1 \\ x_2 \\ x_3 \end{bmatrix}$；(6) $\begin{bmatrix} 1 & 2 & 1 & 0 \\ 0 & 1 & 0 & 1 \\ 0 & 0 & 2 & 1 \\ 0 & 0 & 0 & 3 \end{bmatrix}\begin{bmatrix} 1 & 0 & 3 & 1 \\ 0 & 1 & 2 & -1 \\ 0 & 0 & -2 & 3 \\ 0 & 0 & 0 & -3 \end{bmatrix}$.

5. 设 $A=\begin{bmatrix} 1 & 2 \\ 1 & 3 \end{bmatrix}$，$B=\begin{bmatrix} 1 & 0 \\ 1 & 2 \end{bmatrix}$，问：

(1) $AB=BA$ 吗？

(2) $(A+B)^2=A^2+2AB+B^2$ 吗？

(3) $(A+B)(A-B)=A^2-B^2$ 吗？

6. 举反例说明下列命题是错误的.

(1) 若 $\boldsymbol{A}^2=\boldsymbol{O}$,则 $\boldsymbol{A}=\boldsymbol{O}$;

(2) 若 $\boldsymbol{A}^2=\boldsymbol{A}$,则 $\boldsymbol{A}=\boldsymbol{O}$ 或 $\boldsymbol{A}=\boldsymbol{E}$;

(3) 若 $\boldsymbol{AX}=\boldsymbol{AY}$,且 $\boldsymbol{A}\neq\boldsymbol{O}$,则 $\boldsymbol{X}=\boldsymbol{Y}$.

7. 设 $\boldsymbol{A}=\begin{bmatrix}1&0\\\lambda&1\end{bmatrix}$,求 $\boldsymbol{A}^2,\boldsymbol{A}^3,\cdots,\boldsymbol{A}^k$.

8. 设 $\boldsymbol{A}=\begin{bmatrix}\lambda&1&0\\0&\lambda&1\\0&0&\lambda\end{bmatrix}$,求 $\boldsymbol{A}^k$.

9. 设 $\boldsymbol{A}$,$\boldsymbol{B}$ 为 n 阶方阵,且 $\boldsymbol{A}$ 为对称阵,证明 $\boldsymbol{B}^{\mathrm{T}}\boldsymbol{AB}$ 也是对称阵.

10. 设 $\boldsymbol{A},\boldsymbol{B}$ 为 n 阶对称阵,证明 $\boldsymbol{AB}$ 是对称阵的充要条件为 $\boldsymbol{AB}=\boldsymbol{BA}$.

11. 求下列方阵的逆矩阵:

(1) $\begin{bmatrix}1&2\\2&5\end{bmatrix}$;

(2) $\begin{bmatrix}\cos\theta&-\sin\theta\\\sin\theta&\cos\theta\end{bmatrix}$;

(3) $\begin{bmatrix}1&2&-1\\3&4&-2\\5&-4&1\end{bmatrix}$;

(4) $\begin{bmatrix}1&0&0&0\\1&2&0&0\\2&1&3&0\\1&2&1&4\end{bmatrix}$;

(5) $\begin{bmatrix}5&2&0&0\\2&1&0&0\\0&0&8&3\\0&0&5&2\end{bmatrix}$;

(6) $\begin{bmatrix}a_1&0&\cdots&0\\0&a_2&\cdots&0\\\vdots&\vdots&&\vdots\\0&0&\cdots&a_n\end{bmatrix}$, $a_1a_2\cdots a_n\neq 0$.

12. 解下列矩阵方程:

(1) $\begin{bmatrix}2&5\\1&3\end{bmatrix}\boldsymbol{X}=\begin{bmatrix}4&-6\\2&1\end{bmatrix}$;

(2) $\boldsymbol{X}\begin{bmatrix}1&2&-1\\2&1&1\\1&-1&1\end{bmatrix}=\begin{bmatrix}1&-1&3\\4&3&2\end{bmatrix}$;

(3) $\begin{bmatrix}1&4\\-1&2\end{bmatrix}\boldsymbol{X}\begin{bmatrix}2&0\\-1&1\end{bmatrix}=\begin{bmatrix}3&1\\0&-1\end{bmatrix}$;

(4) $\begin{bmatrix}0&1&0\\1&0&0\\0&0&1\end{bmatrix}\boldsymbol{X}\begin{bmatrix}1&0&0\\0&0&1\\0&1&0\end{bmatrix}=\begin{bmatrix}1&-4&3\\2&0&-1\\1&-2&0\end{bmatrix}$.

13. 利用逆矩阵解下列方程组:

(1) $\begin{cases}x_1+2x_1+3x_3=1\\2x_1+2x_2+5x_3=2\\3x_1+5x_2+x_3=3\end{cases}$;

(2) $\begin{cases}x_1-x_2-x_3=2\\2x_1-x_2-3x_3=1\\3x_1+2x_2-5x_3=0\end{cases}$.

14. 设 $\boldsymbol{A}^k=\boldsymbol{O}$($k\geqslant 2$ 的为正整数),证明:$(\boldsymbol{E}-\boldsymbol{A})^{-1}=\boldsymbol{E}+\boldsymbol{A}+\boldsymbol{A}^2+\cdots+\boldsymbol{A}^{k-1}$.

15. 设方阵 $\boldsymbol{A}$ 满足 $\boldsymbol{A}^2-\boldsymbol{A}-2\boldsymbol{E}=\boldsymbol{O}$,证明 $\boldsymbol{A}$ 与 $\boldsymbol{A}+2\boldsymbol{E}$ 都是可逆矩阵,并求 $\boldsymbol{A}^{-1}$

及$(\boldsymbol{A}+2\boldsymbol{E})^{-1}$.

16. 设$\boldsymbol{A}=\begin{bmatrix}4&2&3\\1&1&0\\-1&2&3\end{bmatrix}$，$\boldsymbol{AB}=\boldsymbol{A}+2\boldsymbol{B}$，求$\boldsymbol{B}$.

17. 设$\boldsymbol{P}^{-1}\boldsymbol{AP}=\boldsymbol{B}$，其中$\boldsymbol{P}=\begin{bmatrix}-1&-4\\1&1\end{bmatrix}$，$\boldsymbol{B}=\begin{bmatrix}-1&0\\0&2\end{bmatrix}$，求$\boldsymbol{A}^{11}$.

18. 设m次多项式

$$f(x)=a_0+a_1x+a_2x^2+\cdots+a_mx^m$$

记

$$f(\boldsymbol{A})=a_0\boldsymbol{E}+a_1\boldsymbol{A}+a_2\boldsymbol{A}^2+\cdots+a_m\boldsymbol{A}^m$$

则$f(\boldsymbol{A})$称为方阵$\boldsymbol{A}$的m次多项式.

(1) 设$\boldsymbol{B}=\begin{bmatrix}\lambda_1&0\\0&\lambda_2\end{bmatrix}$，证明：$\boldsymbol{B}^k=\begin{bmatrix}\lambda_1^k&0\\0&\lambda_2^k\end{bmatrix}$，$f(\boldsymbol{B})=\begin{bmatrix}f(\lambda_1)&0\\0&f(\lambda_2)\end{bmatrix}$；

(2) 设$\boldsymbol{P}^{-1}\boldsymbol{AP}=\boldsymbol{B}$，证明：$\boldsymbol{A}^k=\boldsymbol{PB}^k\boldsymbol{P}^{-1}$，$f(\boldsymbol{A})=\boldsymbol{P}f(\boldsymbol{B})\boldsymbol{P}^{-1}$.

19. 设$n\geqslant 2$阶方阵$\boldsymbol{A}$的伴随矩阵为$\boldsymbol{A}^*$，证明：

(1) 若$|\boldsymbol{A}|=0$，则$|\boldsymbol{A}^*|=0$；

(2) $|\boldsymbol{A}^*|=|\boldsymbol{A}|^{n-1}$.

20. 取$\boldsymbol{A}=\boldsymbol{B}=-\boldsymbol{C}=\boldsymbol{D}=\begin{bmatrix}1&0\\0&1\end{bmatrix}$，验证：$\begin{vmatrix}\boldsymbol{A}&\boldsymbol{B}\\\boldsymbol{C}&\boldsymbol{D}\end{vmatrix}\neq\begin{vmatrix}|\boldsymbol{A}|&|\boldsymbol{B}|\\|\boldsymbol{C}|&|\boldsymbol{D}|\end{vmatrix}$.

21. 设$\boldsymbol{A}=\begin{bmatrix}3&4&0&0\\4&-3&0&0\\0&0&2&0\\0&0&2&2\end{bmatrix}$，求$|\boldsymbol{A}^8|$及$\boldsymbol{A}^k$.

22. 求下列矩阵的秩：

(1) $\begin{bmatrix}3&1&0&2\\1&-1&2&-1\\1&3&-4&4\end{bmatrix}$；　　(2) $\begin{bmatrix}3&2&-1&-3&-2\\2&-1&3&1&-3\\7&0&5&-1&-8\end{bmatrix}$.

23. 在秩r为的矩阵中，有没有等于零的$r-1$阶子式？有没有等于零的r阶子式？

24. 从矩阵$\boldsymbol{A}$中划去一行得到矩阵$\boldsymbol{B}$，问$\boldsymbol{A}$，$\boldsymbol{B}$的秩的关系怎样？

25. 求作一个秩为4的方阵，它的两个行向量是$(1,0,1,0,0)$，$(1,-1,0,0,0)$.

26. 利用初等变换求下列方阵的逆矩阵：

(1) $\begin{bmatrix}3&2&1\\3&1&5\\3&2&3\end{bmatrix}$；　　(2) $\begin{bmatrix}3&-2&0&-1\\0&2&2&1\\1&-2&-3&-2\\0&1&2&1\end{bmatrix}$.

第三章　线性方程组

在自然科学和社会科学的各个领域中，有许多问题都归结为解线性方程组. 一般的 n 元线性方程组可以写成如下标准形式：

$$\begin{cases} a_{11}x_1+a_{12}x_2+\cdots+a_{1n}x_n=b_1 \\ a_{21}x_1+a_{22}x_2+\cdots+a_{2n}x_n=b_2 \\ \qquad\vdots \\ a_{m1}x_1+a_{m2}x_2+\cdots+a_{mn}x_n=b_m \end{cases} \tag{1}$$

式中，系数 $a_{ij}(i=1,2,\cdots,m;j=1,2,\cdots,n)$，常数项 $b_i(i=1,2,\cdots,m)$ 都是已知数，$x_j(j=1,2,\cdots,n)$ 是未知数(也称为元). 当 $b_i(i=1,2,\cdots,m)$ 全为零时，称方程组(1) 为齐次线性方程组；当 $b_i(i=1,2,\cdots,m)$ 不全为零时，称方程组(1) 为非齐次线性方程组.

线性方程组(1) 的矩阵表达式为

$$\boldsymbol{AX}=\boldsymbol{B}$$

式中，$\boldsymbol{A}=\begin{bmatrix} a_{11} & a_{12} & \cdots & a_{1n} \\ a_{21} & a_{22} & \cdots & a_{2n} \\ \vdots & \vdots & & \vdots \\ a_{m1} & a_{m2} & \cdots & a_{mn} \end{bmatrix}$ 为系数矩阵，$\boldsymbol{X}=\begin{bmatrix} x_1 \\ x_2 \\ \vdots \\ x_n \end{bmatrix}$ 为未知数矩阵，$\boldsymbol{B}=\begin{bmatrix} b_1 \\ b_2 \\ \vdots \\ b_m \end{bmatrix}$ 为常数矩阵.

对于线性方程组，只有当方程个数与未知量个数相等且系数行列式不等于零时，才能用克莱姆法则或逆矩阵求出其解. 这里主要讨论的是一般情况，对于如式(1) 所示的线性方程组，需要解决以下三个问题：

(1) 如何判断方程组是否有解？

(2) 如果方程组有解，那么解是否唯一？

(3) 在解不唯一时，解的结构如何？

第一节　高斯(Gauss) 消元法

首先回顾一下在初等代数中是如何用消元法解方程组的.

例 1　解方程组

$$\begin{cases} 2x_1-x_2+3x_3=1 \\ 4x_1+2x_2+5x_3=7 \\ 2x_1+2x_3=6 \end{cases} \tag{2}$$

解　将第一个方程的(−2) 倍和(−1) 倍分别加到第二、第三个方程，得到同解方程组

$$\begin{cases}2x_1-x_2+3x_3=1\\4x_2-x_3=5\\x_2-x_3=5\end{cases}$$

交换后两个方程，然后将交换后的第二个方程的(−4) 倍加到第三个方程，得到

$$\begin{cases}2x_1-x_2+3x_3=1\\x_2-x_3=5\\3x_3=-15\end{cases}$$

将第三个方程两边同乘以$\frac{1}{3}$，得到

$$\begin{cases}2x_1-x_2+3x_3=1\\x_2-x_3=5\\x_3=-5\end{cases}$$

容易求得方程组(2) 的解为

$$x_3=-5,\quad x_2=0,\quad x_1=8$$

从上面的例子可以看到，用消元法解方程组实际上是对方程组的系数和常数项进行计算，未知数并未参与运算. 因此，若记方程组(1) 的增广矩阵为

$$(\boldsymbol{A},\boldsymbol{B})=\begin{bmatrix}a_{11}&a_{12}&\cdots&a_{1n}&b_1\\a_{21}&a_{22}&\cdots&a_{2n}&b_2\\\vdots&\vdots&&\vdots&\vdots\\a_{m1}&a_{m2}&\cdots&a_{mn}&b_m\end{bmatrix}$$

那么上述对方程组的变换完全可以转化为对矩阵$(\boldsymbol{A},\boldsymbol{B})$ 的变换.

从第二章矩阵运算可知，对线性方程组进行初等行变换是不会改变其解的. 现在我们用矩阵来证明这个结论.

定理 1　若将增广矩阵$(\boldsymbol{A},\boldsymbol{B})$ 用初等行变换化为$(\boldsymbol{U},\boldsymbol{V})$，则$\boldsymbol{AX}=\boldsymbol{B}$ 与$\boldsymbol{UX}=\boldsymbol{V}$ 是同解方程组.

证明　由于对矩阵作一次初等行变换相当于在矩阵的左边乘以一个相应地初等方阵，因此存在初等方阵 $\boldsymbol{P}_1,\boldsymbol{P}_2,\cdots,\boldsymbol{P}_l$，使得

$$\boldsymbol{P}_l\boldsymbol{P}_{l-1}\cdots\boldsymbol{P}_2\boldsymbol{P}_1(\boldsymbol{A},\boldsymbol{B})=(\boldsymbol{U},\boldsymbol{V})$$

记 $\boldsymbol{P}_l\boldsymbol{P}_{l-1}\cdots\boldsymbol{P}_2\boldsymbol{P}_1=\boldsymbol{P}$，显然 $\boldsymbol{P}$ 可逆. 若 $\boldsymbol{X}_1$ 为 $\boldsymbol{AX}=\boldsymbol{B}$ 的解，即

$$\boldsymbol{AX}_1=\boldsymbol{B}$$

两边同时左乘矩阵 $\boldsymbol{P}$，有

$$\boldsymbol{PAX}_1=\boldsymbol{PB}$$

即

$$\boldsymbol{UX}_1=\boldsymbol{V}$$

于是 $\boldsymbol{X}_1$ 是 $\boldsymbol{UX}=\boldsymbol{V}$ 的解. 反之，若 $\boldsymbol{X}_2$ 是 $\boldsymbol{UX}=\boldsymbol{V}$ 的解，即

$$\boldsymbol{UX}_2=\boldsymbol{V}$$

两边同时左乘矩阵 $\boldsymbol{P}^{-1}$，得

$$\boldsymbol{P}^{-1}\boldsymbol{UX}_2=\boldsymbol{P}^{-1}\boldsymbol{V}$$

即

$$AX_2=B$$

X_2 亦为 $AX=B$ 的解.

综上所述,$AX=B$ 与 $UX=V$ 的解相同,称之为同解方程组.

为了求方程组(1) 的解,运用定理 1,用初等行变换将增广矩阵(A,B) 化简. 由第二章知,通过初等行变换总能把(A,B) 化为行阶梯形矩阵. 求出行阶梯形矩阵所表达的方程组的解,由于两者为同解方程组,所以也就得到原方程组(1) 的解. 这个方法称为高斯消元法. 下面举例说明利用高斯消元法来求解一般的线性方程组.

例 2 解线性方程组

$$\begin{cases}2x_1-x_2-x_3+x_4=2\\x_1+x_2-2x_3+x_4=4\\4x_1-6x_2+2x_3-2x_4=4\\3x_1+6x_2-9x_3+7x_4=9\end{cases}\tag{3}$$

解 首先写出增广矩阵,然后作初等行变换,将增广矩阵化为行阶梯形矩阵,有

$$(A,B)=\begin{bmatrix}2&-1&-1&1&2\\1&1&-2&1&4\\4&-6&2&-2&4\\3&6&-9&7&9\end{bmatrix}$$

$$\xrightarrow[r_3\div 2]{r_1\leftrightarrow r_2}\begin{bmatrix}1&1&-2&1&4\\2&-1&-1&1&2\\2&-3&1&-1&2\\3&6&-9&7&9\end{bmatrix}$$

$$\xrightarrow[\substack{r_3-2r_1\\r_4-3r_1}]{r_2-r_3}\begin{bmatrix}1&1&-2&1&4\\0&2&-2&2&0\\0&-5&5&-3&-6\\0&3&-3&4&-3\end{bmatrix}$$

$$\xrightarrow[\substack{r_3+5r_2\\r_4-3r_2}]{r_2\div 2}\begin{bmatrix}1&1&-2&1&4\\0&1&-1&1&0\\0&0&0&2&-6\\0&0&0&1&-3\end{bmatrix}$$

$$\xrightarrow[r_4-2r_3]{r_3\leftrightarrow r_4}\begin{bmatrix}1&1&-2&1&4\\0&1&-1&1&0\\0&0&0&1&-3\\0&0&0&0&0\end{bmatrix}$$

行阶梯形矩阵所对应的线性方程组为

$$\begin{cases}x_1+x_2-2x_3+x_4=4\\x_2-x_3+x_4=0\\x_4=-3\\0=0\end{cases}\tag{4}$$

线性方程组(4) 是有 4 个未知数,3 个有效方程的方程组,那么有一个自由未知数. 由于

方程组呈阶梯形，可把每个台阶的第一个未知数（即 x_1, x_2, x_4）选为非自由未知数，剩下的 x_3 选为自由未知数. 这样，就只需用"回代"的方法便能求出解. 于是解得

$$\begin{cases} x_1 = x_3 + 4 \\ x_2 = x_3 + 3 \\ x_4 = -3 \end{cases}$$

其中 x_3 可任意取值. 或令 $x_3 = c$，方程组的解可记为

$$\boldsymbol{x} = \begin{bmatrix} x_1 \\ x_2 \\ x_3 \\ x_4 \end{bmatrix} = \begin{bmatrix} c+4 \\ c+3 \\ c \\ -3 \end{bmatrix}$$

即

$$\boldsymbol{x} = c\begin{bmatrix} 1 \\ 1 \\ 1 \\ 0 \end{bmatrix} + \begin{bmatrix} 4 \\ 3 \\ 0 \\ -3 \end{bmatrix} \tag{5}$$

其中 c 为任意常数.

式(5) 即为方程组(3) 所有解的矩阵形式，也称为线性方程组(3) 的通解.

例 3　解齐次线性方程组

$$\begin{cases} x_1 + 3x_2 + 3x_3 + 2x_4 - x_5 = 0 \\ 2x_1 + 6x_2 + 9x_3 + 5x_4 + 4x_5 = 0 \\ -x_1 - 3x_2 + 3x_3 + 13x_5 = 0 \\ -3x_3 + x_4 - 6x_5 = 0 \end{cases} \tag{6}$$

解　对方程组(6) 的系数矩阵作初等行变换，使其化成行阶梯形矩阵，得

$$\boldsymbol{A} = \begin{bmatrix} 1 & 3 & 3 & 2 & -1 \\ 2 & 6 & 9 & 5 & 4 \\ -1 & -3 & 3 & 0 & 13 \\ 0 & 0 & -3 & 1 & -6 \end{bmatrix}$$

$$\xrightarrow[r_3 + r_2]{r_2 - 2r_1} \begin{bmatrix} 1 & 3 & 3 & 2 & -1 \\ 0 & 0 & 3 & 1 & 6 \\ 0 & 0 & 6 & 2 & 12 \\ 0 & 0 & -3 & 1 & -6 \end{bmatrix}$$

$$\xrightarrow[r_4 + r_2]{r_3 - 2r_1} \begin{bmatrix} 1 & 3 & 3 & 2 & -1 \\ 0 & 0 & 3 & 1 & 6 \\ 0 & 0 & 0 & 0 & 0 \\ 0 & 0 & 0 & 2 & 0 \end{bmatrix}$$

$$\xrightarrow{r_3 \leftrightarrow r_4} \begin{bmatrix} 1 & 3 & 3 & 2 & -1 \\ 0 & 0 & 3 & 1 & 6 \\ 0 & 0 & 0 & 2 & 0 \\ 0 & 0 & 0 & 0 & 0 \end{bmatrix}$$

行阶梯形矩阵所对应的方程组为

$$\begin{cases}x_1+3x_2+3x_3+2x_4-x_5=0\\3x_3+x_4+6x_5=0\\2x_4=0\end{cases}\tag{7}$$

选 x_1,x_3,x_4 为非自由未知量，剩下的 x_2,x_5 为自由未知量. 通过回代，解得

$$\begin{cases}x_1=-3x_2+7x_5\\x_3=-2x_5\\x_4=0\end{cases}\tag{8}$$

式(8) 即为齐次线性方程组(6) 的一般解，其中 x_2,x_5 为自由未知量. 若写成矩阵的形式，令 $x_2=c_1,x_5=c_2$，则方程组(6) 的解可记为

$$\boldsymbol{x}=\begin{bmatrix}x_1\\x_2\\x_3\\x_4\\x_5\end{bmatrix}=\begin{bmatrix}-3c_1+7c_2\\c_1\\-2c_2\\0\\c_2\end{bmatrix}=\begin{bmatrix}-3\\1\\0\\0\\0\end{bmatrix}c_1+\begin{bmatrix}7\\0\\-2\\0\\1\end{bmatrix}c_2\tag{9}$$

其中 c_1,c_2 为任意常数.

由方程组(7) 得到解(9) 的回代过程，也可用矩阵的初等行变换来完成，即

$$\begin{bmatrix}1&3&3&2&-1\\0&0&3&1&6\\0&0&0&2&0\\0&0&0&0&0\end{bmatrix}\xrightarrow[\frac{1}{2}r_3]{\frac{1}{3}r_2}\begin{bmatrix}1&3&3&2&-1\\0&0&1&\frac{1}{3}&2\\0&0&0&1&0\\0&0&0&0&0\end{bmatrix}\xrightarrow[r_2-\frac{1}{3}r_3]{r_1-2r_3}\begin{bmatrix}1&3&3&0&-1\\0&0&1&0&2\\0&0&0&1&0\\0&0&0&0&0\end{bmatrix}$$

$$\xrightarrow{r_1-3r_2}\begin{bmatrix}1&3&0&0&-7\\0&0&1&0&2\\0&0&0&1&0\\0&0&0&0&0\end{bmatrix}=\boldsymbol{B}_1$$

对应的方程组为

$$\begin{cases}x_1+3x_2-7x_5=0\\x_3+2x_5=0\\x_4=0\end{cases}$$

取 x_2,x_5 为自由未知量，令 $x_2=c_1,x_5=c_2$，即得

$$\boldsymbol{x}=\begin{bmatrix}x_1\\x_2\\x_3\\x_4\\x_5\end{bmatrix}=\begin{bmatrix}-3c_1+7c_2\\c_1\\-2c_2\\0\\c_2\end{bmatrix}=\begin{bmatrix}-3\\1\\0\\0\\0\end{bmatrix}c_1+\begin{bmatrix}7\\0\\-2\\0\\1\end{bmatrix}c_2$$

式中 c_1,c_2 为任意常数.

矩阵 $\boldsymbol{B}_1$ 是一种特殊的行阶梯形矩阵，称其为行最简形矩阵，其特点是非零行的第一个非零元为 1，且这些非零元所在的列其他元素都为 0.

通过上面的例子，可归纳出解线性方程组(1)的高斯消去法的一般步骤：

(1) 将线性方程组(1)的增广矩阵$(\boldsymbol{A},\boldsymbol{B})$通过初等行变换化为行阶梯形矩阵；

(2) 将行阶梯形矩阵每个台阶的第一个未知数取作非自由的未知量，设为r个，其余未知数取作自由未知量，共有$n-r$个；

(3) 写出行阶梯形矩阵所对应的线性方程组，通过回代求解.

第二节　线性方程组的相容性定理

定义 1　若线性方程组(1)有解，称此线性方程组为相容的，否则称此线性方程组为不相容的.

利用系数矩阵$\boldsymbol{A}$和增广矩阵$(\boldsymbol{A},\boldsymbol{B})$的秩，可以方便地讨论线性方程组是否有解(即是否相容)以及有解时解是否唯一等问题，其结论如下.

定理 2　n元线性方程组$\boldsymbol{Ax}=\boldsymbol{B}$：

(1) 无解的充分必要条件是$R(\boldsymbol{A})<R([\boldsymbol{A},\boldsymbol{B}])$；

(2) 有唯一解的充分必要条件是$R(\boldsymbol{A})=R([\boldsymbol{A},\boldsymbol{B}])=n$；

(3) 有无限多解的充分必要条件是$R(\boldsymbol{A})=R([\boldsymbol{A},\boldsymbol{B}])<n$.

定理 2 回答了本章开头提出的关于线性方程组的三个问题中的前两个问题. 由高斯消去法知，线性方程组(1)是否有解，就看把线性方程组(1)的增广矩阵$(\boldsymbol{A},\boldsymbol{B})$和系数矩阵$\boldsymbol{A}$化为行阶梯形矩阵后的非零行行数是否相同. 从第二章中得知，一个矩阵用初等行变换化为行阶梯形矩阵后非零行的数目就等于该矩阵的秩. 而当$R(\boldsymbol{A})=R([\boldsymbol{A},\boldsymbol{B}])=r$时，有$r$个未知数，$n-r$个自由未知量. 由此可知，只要有自由元，方程组的解就有无穷多个，而当没有自由元时，即$r=n$时，解才唯一.

例 4　判定方程组

$$\begin{cases}x_1+x_2-x_3=4\\-x_1-x_2+x_3=1\\x_1-x_2+2x_3=-4\end{cases}$$

的相容性.

解　对增广矩阵$(\boldsymbol{A},\boldsymbol{B})$进行初等行变换，化为行阶梯形矩阵，有

$$(\boldsymbol{A},\boldsymbol{B})=\begin{bmatrix}1&1&-1&4\\-1&-1&1&1\\1&-1&2&-4\end{bmatrix}\xrightarrow[r_3-r_1]{r_2+r_1}\begin{bmatrix}1&1&-1&4\\0&0&0&5\\0&-2&3&-8\end{bmatrix}\xrightarrow{r_2\leftrightarrow r_3}\begin{bmatrix}1&1&-1&4\\0&-2&3&8\\0&0&0&5\end{bmatrix}$$

由此可知$R(\boldsymbol{A})=2$，$R([\boldsymbol{A},\boldsymbol{B}])=3$，所以方程组无解，即方程组不相容.

例 5 判定方程组

$$\begin{cases}x_1+x_2-3x_3-x_4=1\\3x_1-x_2-3x_3+4x_4=4\\x_1+5x_2-9x_3-8x_4=0\end{cases}$$

的相容性以及相容时解的个数.

解 对增广矩阵$(\boldsymbol{A},\boldsymbol{B})$进行初等行变换,化为行阶梯形矩阵,有

$$(\boldsymbol{A},\boldsymbol{B})=\begin{bmatrix}1&1&-3&-1&1\\3&-1&-3&4&4\\1&5&-9&-8&0\end{bmatrix}$$

$$\xrightarrow[r_3-r_1]{r_2-3r_1}\begin{bmatrix}1&1&-3&-1&1\\0&-4&6&7&1\\0&4&-6&-7&-1\end{bmatrix}$$

$$\xrightarrow{r_3+r_2}\begin{bmatrix}1&1&-3&-1&1\\0&-4&6&7&1\\0&0&0&0&0\end{bmatrix}$$

由此可知$R(\boldsymbol{A})=R([\boldsymbol{A},\boldsymbol{B}])=2<4$,所以方程组相容且方程组有无数组解.

例 6 设有线性方程组

$$\begin{cases}(1+\lambda)x_1+x_2+x_3=0\\x_1+(1+\lambda)x_2+x_3=3\\x_1+x_2+(1+\lambda)x_3=\lambda\end{cases}$$

问λ取何值时,此方程组有唯一解?无解?有无穷多解?并在有无穷多解时求其通解.

解法一 因系数矩阵$\boldsymbol{A}$为方阵,故方程有唯一解的充分必要条件是系数行列式$|\boldsymbol{A}|\neq 0$,而

$$|\boldsymbol{A}|=\begin{vmatrix}1+\lambda&1&1\\1&1+\lambda&1\\1&1&1+\lambda\end{vmatrix}=(3+\lambda)\begin{vmatrix}1&1&1\\1&1+\lambda&1\\1&1&1+\lambda\end{vmatrix}$$

$$=(3+\lambda)\begin{vmatrix}1&1&1\\0&\lambda&0\\0&0&\lambda\end{vmatrix}=(3+\lambda)\lambda^2$$

因此,当$\lambda\neq 0$且$\lambda\neq -3$时,方程组有唯一解.

当$\lambda=0$时

$$(\boldsymbol{A},\boldsymbol{B})=\begin{bmatrix}1&1&1&0\\1&1&1&3\\1&1&1&0\end{bmatrix}\sim\begin{bmatrix}1&1&1&0\\0&0&0&1\\0&0&0&0\end{bmatrix}$$

知$R(\boldsymbol{A})=1,R([\boldsymbol{A},\boldsymbol{B}])=2$,故方程组无解.

当$\lambda=-3$时

$$(\boldsymbol{A},\boldsymbol{B})=\begin{bmatrix}-2&1&1&0\\1&-2&1&3\\1&1&-2&-3\end{bmatrix}\sim\begin{bmatrix}1&0&-1&-1\\0&1&-1&-2\\0&0&0&0\end{bmatrix}$$

知 $R(\boldsymbol{A})=R([\boldsymbol{A},\boldsymbol{B}])=2$，故方程组有无穷多解，其对应的线性方程组为

$$\begin{cases}x_1-x_3=-1\\x_2-x_3=-2\end{cases}$$

由此便得通解

$$\begin{cases}x_1=x_3-1\\x_2=x_3-2\end{cases}\quad (x_3\text{ 为自由未知量})$$

即

$$\begin{bmatrix}x_1\\x_2\\x_3\end{bmatrix}=c\begin{bmatrix}1\\1\\1\end{bmatrix}+\begin{bmatrix}-1\\-2\\0\end{bmatrix}\quad (c\in\mathbf{R})$$

解法二　对增广矩阵 $(\boldsymbol{A},\boldsymbol{B})$ 进行初等行变换，化为行阶梯形矩阵，有

$$(\boldsymbol{A},\boldsymbol{B})=\begin{bmatrix}1+\lambda & 1 & 1 & 0\\1 & 1+\lambda & 1 & 3\\1 & 1 & 1+\lambda & \lambda\end{bmatrix}\xrightarrow{r_1\leftrightarrow r_3}\begin{bmatrix}1 & 1 & 1+\lambda & \lambda\\1 & 1+\lambda & 1 & 3\\1+\lambda & 1 & 1 & 0\end{bmatrix}$$

$$\xrightarrow[r_3-(1+\lambda)r_1]{r_2-r_1}\begin{bmatrix}1 & 1 & 1+\lambda & \lambda\\0 & \lambda & -\lambda & 3-\lambda\\0 & -\lambda & -\lambda(2+\lambda) & -\lambda(1+\lambda)\end{bmatrix}$$

$$\longrightarrow\begin{bmatrix}1 & 1 & 1+\lambda & \lambda\\0 & \lambda & -\lambda & 3-\lambda\\0 & 0 & -\lambda(\lambda+3) & (-\lambda+1)(\lambda+3)\end{bmatrix}$$

当 $\lambda\neq 0$ 且 $\lambda\neq -3$ 时，方程组有唯一解；

当 $\lambda=0$ 时，知 $R(\boldsymbol{A})=1$，$R([\boldsymbol{A},\boldsymbol{B}])=2$，故方程组无解；

当 $\lambda=-3$ 时，知 $R(\boldsymbol{A})=R([\boldsymbol{A},\boldsymbol{B}])=2$，故方程组有无穷多解，这时

$$(\boldsymbol{A},\boldsymbol{B})\sim\begin{bmatrix}1 & 1 & -2 & -3\\0 & -3 & 3 & 6\\0 & 0 & 0 & 0\end{bmatrix}\sim\begin{bmatrix}1 & 0 & -1 & -1\\0 & 1 & -1 & -2\\0 & 0 & 0 & 0\end{bmatrix}$$

由此便得通解

$$\begin{bmatrix}x_1\\x_2\\x_3\end{bmatrix}=c\begin{bmatrix}1\\1\\1\end{bmatrix}+\begin{bmatrix}-1\\-2\\0\end{bmatrix}\quad (c\in\mathbf{R})$$

比较解法一和解法二，显见解法一较简单，但解法一只适用于系数矩阵为方阵的情形.

对含参数的矩阵作初等变换时，例如在本例中，由于 $\lambda+1$，$\lambda+3$ 等因式可以等于 0，故不宜作诸如 $r_2-\dfrac{1}{\lambda+1}r_1$，$r_2(\lambda+1)$，$r_3\div(\lambda+3)$ 这样的变换，但如果作了这种变换，则需对 $\lambda+1=0$（$\lambda+3=0$）的情形另作讨论. 因此，对含参数的矩阵作初等变换较不方便.

由定理 2 可直接得到

推论 1　n 元线性方程组 $AX=B$ 有解的充要条件是 $R(\boldsymbol{A})=R([\boldsymbol{A},\boldsymbol{B}])$

事实上，推论 1 中的 X,B 可以用两列以上的矩阵来代替，结论仍然成立.

推论 2　矩阵方程 $AX=B$ 有解的充要条件是 $R(\boldsymbol{A})=R([\boldsymbol{A},\boldsymbol{B}])$.

对于齐次线性方程组

$$\begin{cases} a_{11}x_1 + a_{12}x_2 + \cdots + a_{1n}x_n = 0 \\ a_{21}x_1 + a_{22}x_2 + \cdots + a_{2n}x_n = 0 \\ \quad\vdots \\ a_{m1}x_1 + a_{m2}x_2 + \cdots + a_{mn}x_n = 0 \end{cases} \tag{10}$$

由于其增广矩阵最后一列全为 0,所以齐次线性方程组总有解. 因为所有未知数均为零时,总满足方程(10),这样的解称为零解,也称为平凡解. 因此,对于齐次线性方程组来说,重要的是如何判定它是否有非零解(非平凡解). 由定理 2 可得下面的定理.

定理 3 齐次线性方程组(10) 有非零解的充分必要条件为 $R(\boldsymbol{A}) < n$.

定理 4 设 $\boldsymbol{AB} = \boldsymbol{C}$,则 $R(\boldsymbol{C}) \leqslant \min\{R(\boldsymbol{A}), R(\boldsymbol{B})\}$.

证明 因 $\boldsymbol{AB} = \boldsymbol{C}$,知矩阵方程 $\boldsymbol{AX} = \boldsymbol{C}$ 有解 $\boldsymbol{X} = \boldsymbol{B}$. 于是由定理 2 有 $R(\boldsymbol{A}) = R(\boldsymbol{A}, \boldsymbol{C})$,而 $R(\boldsymbol{C}) \leqslant R(\boldsymbol{A}, \boldsymbol{C})$,因此 $R(\boldsymbol{C}) \leqslant R(\boldsymbol{A})$.

又 $\boldsymbol{B}^{\mathrm{T}}\boldsymbol{A}^{\mathrm{T}} = \boldsymbol{C}^{\mathrm{T}}$,由上段证明知 $R(\boldsymbol{C}^{\mathrm{T}}) \leqslant R(\boldsymbol{B}^{\mathrm{T}})$,即 $R(\boldsymbol{C}) \leqslant R(\boldsymbol{B})$.

综合便得 $R(\boldsymbol{C}) \leqslant \min\{R(\boldsymbol{A}), R(\boldsymbol{B})\}$.

定理 5 矩阵方程 $\boldsymbol{A}_{m\times n}\boldsymbol{B}_{n\times s} = \boldsymbol{O}$ 只有零解的充分必要条件是 $R(\boldsymbol{A}) = n$.

该定理的证明略,其阐明了矩阵乘法消去律成立的条件.

第三节　n 维向量及向量组的线性相关性

本节将把二维向量和三维向量的概念推广到 n 维向量,并讨论 n 维向量的线性相关性.

一、n 维向量的概念

在空间解析几何里,我们已经学习了三维向量的概念及其运算,比如,在取定的坐标下,一个三维向量可以用坐标表示成(x, y, z),其中 x, y, z 都是实数. 但是,在许多实际问题中,往往需要用更多的数量来描述某些物理现象. 例如,导弹在空中飞行的状态就需要用七个数量来刻画,即导弹的质量 m、导弹在空中的位置以及它的三个速度分量 v_x, v_y, v_z. 我们把确定导弹飞行状态的量理解为一个七维向量,并且记为

$$(m, x, y, z, v_x, v_y, v_z)$$

按此类推,我们有 n 维向量的定义.

定义 2 n 个有次序的数 $a_1, a_2, \cdots, a_n$ 所组成的数组称为一个 n 维向量,记作

$$\boldsymbol{\alpha} = \begin{bmatrix} a_1 \\ a_2 \\ \vdots \\ a_n \end{bmatrix}$$

其中 $a_i (i = 1, 2, \cdots, n)$ 称为 n 维向量 $\boldsymbol{\alpha}$ 的第 i 个分量(或坐标).

n 维向量可以写成一行,也可以写成一列,分别称为行向量和列向量,也就是行矩阵和列矩阵,并规定行向量和列向量都按矩阵的运算规则进行运算,因此 n 维列向量

$$\boldsymbol{\alpha}=\begin{bmatrix}a_1\\a_2\\\vdots\\a_n\end{bmatrix}$$

和 n 维行向量

$$\boldsymbol{\alpha}^{\mathrm{T}}=(a_1,a_2,\cdots,a_n)$$

总看作是两个不同的向量(按定义 2,$\boldsymbol{\alpha}$ 与 $\boldsymbol{\alpha}^{\mathrm{T}}$ 应是同一个向量),它们互为转置.本书中,列向量用黑体小写字母 $\boldsymbol{a},\boldsymbol{b},\boldsymbol{\alpha},\boldsymbol{\beta}$ 等表示,行向量则用 $\boldsymbol{a}^{\mathrm{T}},\boldsymbol{b}^{\mathrm{T}},\boldsymbol{\alpha}^{\mathrm{T}},\boldsymbol{\beta}^{\mathrm{T}}$ 等表示,所讨论的向量在没有指明是行向量还是列向量时,都当作列向量.

线性方程组(1) 的系数矩阵 $\boldsymbol{A}$ 中第 $j\ (j=1,2,\cdots,n)$ 列,因为都是由 m 个有序的数组成,故都可视为 m 维向量,即

$$\boldsymbol{\alpha}_j=(a_{1j},a_{2j},\cdots,a_{mj})^{\mathrm{T}}$$

而(1) 的一组解 $x_1,x_2,\cdots,x_n$,就可视为一个 n 维向量,即 $\boldsymbol{\beta}=(x_1,x_2,\cdots,x_n)^{\mathrm{T}}$.由此就使线性方程组与向量之间有了一一对应的关系,从而可以用向量来研究线性方程组的问题.与第二章中讲过的矩阵联系起来,我们把这 n 个 m 维向量称为矩阵 $\boldsymbol{A}$ 的列向量,也就是任一个 $m\times n$ 矩阵,$\boldsymbol{A}$ 都可认为由 m 个 n 维的行向量组成,也可认为是 n 个 m 维的列向量组成.

二、向量组的线性组合

若干个同维数的列向量(或同维数的行向量) 所组成的集合叫做向量组.

定义 3　给定向量组 $A:\boldsymbol{a}_1,\boldsymbol{a}_2,\cdots,\boldsymbol{a}_m$,对于任何一组实数 $k_1,k_2,\cdots,k_m$,表达式 $k_1\boldsymbol{a}_1+k_2\boldsymbol{a}_2+\cdots+k_m\boldsymbol{a}_m$ 称为向量组 A 的一个线性组合,$k_1,k_2,\cdots,k_m$ 称为这个线性组合的系数.

定义 4　给定向量组 $A:\boldsymbol{a}_1,\boldsymbol{a}_2,\cdots,\boldsymbol{a}_m$ 和向量 $\boldsymbol{b}$,如果存在一组实数 $k_1,k_2,\cdots,k_m$,使得

$$\boldsymbol{b}=k_1\boldsymbol{a}_1+k_2\boldsymbol{a}_2+\cdots+k_m\boldsymbol{a}_m$$

则称向量 $\boldsymbol{b}$ 是向量组 A 的线性组合,也称向量 $\boldsymbol{b}$ 能由向量组 A 线性表示.

例 7　任意三维向量 $\begin{bmatrix}x\\y\\z\end{bmatrix}$ 均是向量 $\begin{bmatrix}1\\0\\0\end{bmatrix}$, $\begin{bmatrix}0\\1\\0\end{bmatrix}$, $\begin{bmatrix}0\\0\\1\end{bmatrix}$ 的线性组合,因为总有

$$\begin{bmatrix}x\\y\\z\end{bmatrix}=x\begin{bmatrix}1\\0\\0\end{bmatrix}+y\begin{bmatrix}0\\1\\0\end{bmatrix}+z\begin{bmatrix}0\\0\\1\end{bmatrix}$$

设

$$\boldsymbol{b}=\begin{bmatrix}b_1\\b_2\\b_3\\b_4\end{bmatrix},\quad \boldsymbol{a}_1=\begin{bmatrix}a_{11}\\a_{21}\\a_{31}\\a_{41}\end{bmatrix},\quad \boldsymbol{a}_2=\begin{bmatrix}a_{12}\\a_{22}\\a_{32}\\a_{42}\end{bmatrix},\quad \boldsymbol{a}_3=\begin{bmatrix}a_{13}\\a_{23}\\a_{33}\\a_{43}\end{bmatrix}$$

问:向量 $\boldsymbol{b}$ 能否由向量 $\boldsymbol{a}_1,\boldsymbol{a}_2,\boldsymbol{a}_3$ 线性表示?

分析　$\boldsymbol{b}$ 能由 $\boldsymbol{a}_1,\boldsymbol{a}_2,\boldsymbol{a}_3$ 线性表示等价于存在一组实数 k_1,k_2,k_3,使得

$$\boldsymbol{b}=k_1\boldsymbol{a}_1+k_2\boldsymbol{a}_2+k_3\boldsymbol{a}_3$$

即

$$\begin{cases} a_{11}k_1 + a_{12}k_2 + a_{13}k_3 = b_1 \\ a_{21}k_1 + a_{22}k_2 + a_{23}k_3 = b_2 \\ a_{31}k_1 + a_{32}k_2 + a_{33}k_3 = b_3 \\ a_{41}k_1 + a_{42}k_2 + a_{43}k_3 = b_4 \end{cases}$$

又等价于线性方程组

$$\begin{cases} a_{11}x_1 + a_{12}x_2 + a_{13}x_3 = b_1 \\ a_{21}x_1 + a_{22}x_2 + a_{23}x_3 = b_2 \\ a_{31}x_1 + a_{32}x_2 + a_{33}x_3 = b_3 \\ a_{41}x_1 + a_{42}x_2 + a_{43}x_3 = b_4 \end{cases}$$

有解，且 k_1, k_2, k_3 是它的一组解.

因此，向量 $\boldsymbol{b}$ 能由向量组 A 线性表示，也就是方程组

$$x_1\boldsymbol{a}_1 + x_2\boldsymbol{a}_2 + \cdots + x_m\boldsymbol{a}_m = \boldsymbol{b}$$

有解，由定理 2，立即可得下面的定理.

定理 6 向量 $\boldsymbol{b}$ 能由向量组 A 线性表示的充分必要条件是矩阵 $\boldsymbol{A} = [\boldsymbol{a}_1 \quad \boldsymbol{a}_2 \quad \cdots \quad \boldsymbol{a}_m]$ 的秩等于矩阵 $\boldsymbol{B} = [\boldsymbol{a}_1 \quad \boldsymbol{a}_2 \quad \cdots \quad \boldsymbol{a}_m \quad \boldsymbol{b}]$ 的秩.

例 8 设

$$\boldsymbol{a}_1 = \begin{bmatrix} 1 \\ 2 \\ 3 \\ 1 \end{bmatrix}, \quad \boldsymbol{a}_2 = \begin{bmatrix} 2 \\ 3 \\ 1 \\ 2 \end{bmatrix}, \quad \boldsymbol{a}_3 = \begin{bmatrix} 3 \\ 1 \\ 2 \\ -2 \end{bmatrix}, \quad \boldsymbol{b} = \begin{bmatrix} 0 \\ 4 \\ 2 \\ 5 \end{bmatrix}$$

问：$\boldsymbol{b}$ 能否表示成 $\boldsymbol{a}_1, \boldsymbol{a}_2, \boldsymbol{a}_3$ 的线性组合？若能，求出表达式.

解 根据定理 6，要判断矩阵 $\boldsymbol{A} = [\boldsymbol{a}_1 \quad \boldsymbol{a}_2 \quad \boldsymbol{a}_3]$ 与 $\boldsymbol{B} = [\boldsymbol{A} \quad \boldsymbol{b}]$ 的秩是否相同. 为此，将 $\boldsymbol{B}$ 化为行最简形为

$$\boldsymbol{B} = [\boldsymbol{a}_1 \quad \boldsymbol{a}_2 \quad \boldsymbol{a}_3 \quad \boldsymbol{b}] = \begin{bmatrix} 1 & 2 & 3 & 0 \\ 2 & 3 & 1 & 4 \\ 3 & 1 & 2 & 2 \\ 1 & 2 & -2 & 5 \end{bmatrix}$$

$$\xrightarrow[\substack{r_3 - 3r_1 \\ r_4 - r_1}]{r_2 - 2r_1} \begin{bmatrix} 1 & 2 & 3 & 0 \\ 0 & -1 & -5 & 4 \\ 0 & -5 & -7 & 2 \\ 0 & 0 & -5 & 5 \end{bmatrix} \xrightarrow[r_4 \div (-5)]{r_3 - 5r_2} \begin{bmatrix} 1 & 2 & 3 & 0 \\ 0 & -1 & -5 & 4 \\ 0 & 0 & 18 & -18 \\ 0 & 0 & 1 & -1 \end{bmatrix}$$

$$\xrightarrow[\substack{r_3 \leftrightarrow r_4 \\ r_4 - 18r_3}]{r_2 \div (-1)} \begin{bmatrix} 1 & 2 & 3 & 0 \\ 0 & 1 & 5 & -4 \\ 0 & 0 & 1 & -1 \\ 0 & 0 & 0 & 0 \end{bmatrix} \xrightarrow[r_1 - 3r_3]{r_2 - 5r_3} \begin{bmatrix} 1 & 2 & 0 & 3 \\ 0 & 1 & 0 & 1 \\ 0 & 0 & 1 & -1 \\ 0 & 0 & 0 & 0 \end{bmatrix}$$

$$\xrightarrow{r_1 - 2r_2} \begin{bmatrix} 1 & 0 & 0 & 1 \\ 0 & 1 & 0 & 1 \\ 0 & 0 & 1 & -1 \\ 0 & 0 & 0 & 0 \end{bmatrix}$$

可见，$R(\boldsymbol{A})=R(\boldsymbol{B})$. 因此 $\boldsymbol{b}$ 可以表示成 $\boldsymbol{a}_1,\boldsymbol{a}_2,\boldsymbol{a}_3$ 的线性组合.

由行最简形，可得方程组 $\boldsymbol{Ax}=\boldsymbol{b}$ 的通解为

$$\boldsymbol{x}=\begin{bmatrix}1\\1\\-1\end{bmatrix}$$

从而得表达式 $\boldsymbol{b}=\boldsymbol{a}_1+\boldsymbol{a}_2-\boldsymbol{a}_3$.

例 9　设向量组

$$\boldsymbol{\alpha}_1=(1,2,3,0)^{\mathrm{T}},\quad \boldsymbol{\alpha}_2=(1,1,3,-a)^{\mathrm{T}},\quad \boldsymbol{\alpha}_3=(3,5,8,-2)^{\mathrm{T}},\quad \boldsymbol{\beta}=(3,3,b,-6)^{\mathrm{T}}$$

试问：当 a,b 取何值时，$\boldsymbol{\beta}$ 可由 $\boldsymbol{\alpha}_1,\boldsymbol{\alpha}_2,\boldsymbol{\alpha}_3$ 线性表示，并写出此表达式.

解　设 $x_1\boldsymbol{\alpha}_1+x_2\boldsymbol{\alpha}_2+x_3\boldsymbol{\alpha}_3=\boldsymbol{\beta}$，即

$$\begin{cases}x_1+x_2+3x_3=3\\2x_1+x_2+5x_3=3\\3x_1+3x_2+8x_3=b\\-ax_2-2x_3=-6\end{cases}$$

对增广矩阵施行初等行变换，有

$$(\boldsymbol{A},\boldsymbol{\beta})=\begin{bmatrix}1&1&3&3\\2&1&5&3\\3&3&8&b\\0&-a&-2&-6\end{bmatrix}$$

$$\xrightarrow[r_3-3r_1]{r_2-2r_1}\begin{bmatrix}1&1&3&3\\0&-1&-1&-3\\0&0&-1&b-9\\0&-a&-2&-6\end{bmatrix}$$

$$\xrightarrow{r_4-ar_2}\begin{bmatrix}1&1&3&3\\0&-1&-1&-3\\0&0&-1&b-9\\0&0&a-2&3a-6\end{bmatrix}$$

$$\xrightarrow[\substack{r_3\div(-1)\\r_4-(a-2)r_3}]{r_2\div(-1)}\begin{bmatrix}1&1&3&3\\0&1&1&3\\0&0&1&9-b\\0&0&0&(b-6)(a-2)\end{bmatrix}$$

当且仅当 $a=2$ 或 $b=6$ 时，$R(\boldsymbol{A})=R(\boldsymbol{A},\boldsymbol{\beta})$，方程组有解.

若 $a=2$，对任意 b 总有

$$\begin{cases}x_3=9-b\\x_2=b-6\\x_1=2b-18\end{cases}$$

即

$$\boldsymbol{\beta}=(2b-18)\boldsymbol{\alpha}_1+(b-6)\boldsymbol{\alpha}_2+(9-b)\boldsymbol{\alpha}_3$$

若 $b=6$,对任意 a 总有

$$\begin{cases} x_3=3 \\ x_2=0 \\ x_1=-6 \end{cases}$$

即

$$\boldsymbol{\beta}=-6\boldsymbol{\alpha}_1+3\boldsymbol{\alpha}_3$$

例 10 设向量组 $\boldsymbol{\alpha}_1=(a,2,10)^{\mathrm{T}}$,$\boldsymbol{\alpha}_2=(-2,1,5)^{\mathrm{T}}$,$\boldsymbol{\alpha}_3=(-1,1,4)^{\mathrm{T}}$,$\boldsymbol{\beta}=(1,b,c)^{\mathrm{T}}$. 试问:当 a,b,c 满足什么条件时

(1) $\boldsymbol{\beta}$ 可由 $\boldsymbol{\alpha}_1,\boldsymbol{\alpha}_2,\boldsymbol{\alpha}_3$ 线性表示且表示法唯一?

(2) $\boldsymbol{\beta}$ 不能由 $\boldsymbol{\alpha}_1,\boldsymbol{\alpha}_2,\boldsymbol{\alpha}_3$ 线性表示?

(3) $\boldsymbol{\beta}$ 可由 $\boldsymbol{\alpha}_1,\boldsymbol{\alpha}_2,\boldsymbol{\alpha}_3$ 线性表示但表示不唯一? 求一般表达式.

解 设有一组数 k_1,k_2,k_3,使得

$$k_1\boldsymbol{\alpha}_1+k_2\boldsymbol{\alpha}_2+k_3\boldsymbol{\alpha}_3=\boldsymbol{\beta}$$

即

$$\boldsymbol{A}\begin{bmatrix} k_1 \\ k_2 \\ k_3 \end{bmatrix}=\boldsymbol{\beta}$$

其中 $\boldsymbol{A}=[\boldsymbol{\alpha}_1 \quad \boldsymbol{\alpha}_2 \quad \boldsymbol{\alpha}_3]$.

该方程组的系数行列式为

$$|\boldsymbol{A}|=\begin{vmatrix} a & -2 & -1 \\ 2 & 1 & 1 \\ 10 & 5 & 4 \end{vmatrix}=\begin{vmatrix} a & -2 & -1 \\ 2 & 1 & 1 \\ 0 & 0 & -1 \end{vmatrix}=-\begin{vmatrix} a & -2 \\ 2 & 1 \end{vmatrix}=-a-4$$

(1) 当 $a\neq-4$ 时,$|\boldsymbol{A}|\neq0$,方程组有唯一解,$\boldsymbol{\beta}$ 可由 $\boldsymbol{\alpha}_1,\boldsymbol{\alpha}_2,\boldsymbol{\alpha}_3$ 线性表示且表示唯一.

(2) 当 $a=-4$ 时,对增广矩阵作初等行变换,有

$$(\boldsymbol{A},\boldsymbol{\beta})=\begin{bmatrix} -4 & -2 & -1 & 1 \\ 2 & 1 & 1 & b \\ 10 & 5 & 4 & c \end{bmatrix}$$

$$\xrightarrow{r_1\leftrightarrow r_2}\begin{bmatrix} 2 & 1 & 1 & b \\ -4 & -2 & -1 & 1 \\ 10 & 5 & 4 & c \end{bmatrix}$$

$$\xrightarrow[r_2+2r_1]{r_3-5r_1}\begin{bmatrix} 2 & 1 & 1 & b \\ 0 & 0 & 1 & 1+2b \\ 0 & 0 & -1 & c-5b \end{bmatrix}$$

$$\xrightarrow{r_3+r_2}\begin{bmatrix} 2 & 1 & 1 & b \\ 0 & 0 & 1 & 1+2b \\ 0 & 0 & 0 & 1-3b+c \end{bmatrix}$$

若 $3b-c\neq1$,$R(\boldsymbol{A})\neq R(\boldsymbol{A},\boldsymbol{\beta})$,方程组无解,$\boldsymbol{\beta}$ 不能由 $\boldsymbol{\alpha}_1,\boldsymbol{\alpha}_2,\boldsymbol{\alpha}_3$ 线性表示.

(3) 当 $a=-4$ 且 $3b-c=1$ 时,$R(\boldsymbol{A})=R(\boldsymbol{A},\boldsymbol{\beta})=2<3$,方程组有无穷多解,$\boldsymbol{\beta}$ 可由 $\boldsymbol{\alpha}_1$,$\boldsymbol{\alpha}_2,\boldsymbol{\alpha}_3$ 线性表示,但表示不唯一. 容易求出

$$\begin{cases}k_1=t\\k_2=-2t-b-1\\k_3=2b+1\end{cases}\quad(t\text{ 为任意常数})$$

因此有

$$\boldsymbol{\beta}=t\boldsymbol{\alpha}_1-(2t+b+1)\boldsymbol{\alpha}_2+(2b+1)\boldsymbol{\alpha}_3$$

其中 t 为任意常数.

推论 1　(1) 向量组 $\boldsymbol{\alpha}_1,\boldsymbol{\alpha}_2,\cdots,\boldsymbol{\alpha}_m$ 中任一向量 $\boldsymbol{\alpha}_i(i=1,2,\cdots,m)$ 均可由该向量组线性表示.

(2) 若 $\boldsymbol{\alpha}$ 是 $\boldsymbol{\beta}_1,\boldsymbol{\beta}_2,\cdots,\boldsymbol{\beta}_t$ 的线性组合，且每一个 $\boldsymbol{\beta}_i(i=1,2,\cdots,t)$ 又都是 $\boldsymbol{v}_1,\boldsymbol{v}_2,\cdots,\boldsymbol{v}_s$ 的线性组合，则 $\boldsymbol{\alpha}$ 也是 $\boldsymbol{v}_1,\boldsymbol{v}_2,\cdots,\boldsymbol{v}_s$ 的线性组合.

证明　(1) 因为 $\boldsymbol{\alpha}_i=0\boldsymbol{\alpha}_1+\cdots+0\boldsymbol{\alpha}_{i-1}+1\boldsymbol{\alpha}_i+0\boldsymbol{\alpha}_{i+1}+\cdots+0\boldsymbol{\alpha}_m$，所以 $\boldsymbol{\alpha}_i(i=1,2,\cdots,m)$ 可以由向量组 $\boldsymbol{\alpha}_1,\boldsymbol{\alpha}_2,\cdots,\boldsymbol{\alpha}_m$ 线性表示.

(2) 因为 $\boldsymbol{\alpha}$ 是 $\boldsymbol{\beta}_1,\boldsymbol{\beta}_2,\cdots,\boldsymbol{\beta}_t$ 的线性组合，故存在数 $k_i(i=1,2,\cdots,t)$，使得

$$\boldsymbol{\alpha}=k_1\boldsymbol{\beta}_1+k_2\boldsymbol{\beta}_2+\cdots+k_t\boldsymbol{\beta}_t=\sum_{i=1}^{t}k_i\boldsymbol{\beta}_i$$

又由已知条件，有

$$\boldsymbol{\beta}_i=a_{i1}\boldsymbol{v}_1+a_{i2}\boldsymbol{v}_2+\cdots+a_{is}\boldsymbol{v}_s=\sum_{j=1}^{s}a_{ij}\boldsymbol{v}_j\qquad(i=1,2,\cdots,t)$$

故

$$\boldsymbol{\alpha}=\sum_{i=1}^{t}k_i(\sum_{j=1}^{s}a_{ij}\boldsymbol{v}_j)=\sum_{j=1}^{s}(\sum_{i=1}^{t}k_ia_{ij})\boldsymbol{v}_j=\sum_{j=1}^{s}b_j\boldsymbol{v}_j$$

其中 $b_j=\sum\limits_{i=1}^{t}k_ia_{ij}(j=1,2,\cdots,s)$.

证毕.

定义 5　设有两个向量组 A:$\boldsymbol{a}_1,\boldsymbol{a}_2,\cdots,\boldsymbol{a}_m$ 及 B:$\boldsymbol{b}_1,\boldsymbol{b}_2,\cdots,\boldsymbol{b}_n$，若 B 组中的每个向量都能由向量组 A 线性表示，则称向量组 B 能由向量组 A 线性表示.

把向量组 A 和 B 所构成的矩阵依次记作 $\boldsymbol{A}=[\boldsymbol{a}_1\quad\boldsymbol{a}_2\quad\cdots\quad\boldsymbol{a}_m]$ 和 $\boldsymbol{B}=[\boldsymbol{b}_1\quad\boldsymbol{b}_2\quad\cdots\quad\boldsymbol{b}_n]$，$B$ 组能由 A 组线性表示，即对每个向量 $\boldsymbol{b}_j(j=1,2,\cdots,n)$，存在数 $k_{1j},k_{2j},\cdots,k_{mj}$，使

$$\boldsymbol{b}_j=k_{1j}\boldsymbol{a}_1+k_{2j}\boldsymbol{a}_2+\cdots+k_{mj}\boldsymbol{a}_m=[\boldsymbol{a}_1\quad\boldsymbol{a}_2\quad\cdots\quad\boldsymbol{a}_m]\begin{bmatrix}k_{1j}\\k_{2j}\\\vdots\\k_{mj}\end{bmatrix}$$

从而有

$$[\boldsymbol{b}_1\quad\boldsymbol{b}_2\quad\cdots\quad\boldsymbol{b}_n]=[\boldsymbol{a}_1\quad\boldsymbol{a}_2\quad\cdots\quad\boldsymbol{a}_m]\begin{bmatrix}k_{11}&k_{12}&\cdots&k_{1n}\\k_{21}&k_{22}&\cdots&k_{2n}\\\vdots&\vdots&&\vdots\\k_{m1}&k_{m2}&\cdots&k_{mn}\end{bmatrix}$$

这里矩阵 $\boldsymbol{K}_{m\times n}=(k_{ij})(i=1,2,\cdots,m;j=1,2,\cdots,n)$ 称为这一线性表示的系数矩阵.

由定义 5，向量组 B:$\boldsymbol{b}_1,\boldsymbol{b}_2,\cdots,\boldsymbol{b}_n$ 能由向量组 A:$\boldsymbol{a}_1,\boldsymbol{a}_2,\cdots,\boldsymbol{a}_m$ 线性表示其涵义是存在矩

阵$\boldsymbol{K}_{m\times n}$，使得$[\boldsymbol{b}_1\quad \boldsymbol{b}_2\quad \cdots\quad \boldsymbol{b}_n]=[\boldsymbol{a}_1\quad \boldsymbol{a}_2\quad \cdots\quad \boldsymbol{a}_m]\boldsymbol{K}$，也就是矩阵方程

$$[\boldsymbol{a}_1\quad \boldsymbol{a}_2\quad \cdots\quad \boldsymbol{a}_m]\boldsymbol{X}=[\boldsymbol{b}_1\quad \boldsymbol{b}_2\quad \cdots\quad \boldsymbol{b}_n]$$

有解，于是有下面的定理.

定理 7 向量组B:$\boldsymbol{b}_1,\boldsymbol{b}_2,\cdots,\boldsymbol{b}_n$能由向量组$A$:$\boldsymbol{a}_1,\boldsymbol{a}_2,\cdots,\boldsymbol{a}_m$线性表示的充分必要条件是矩阵$\boldsymbol{A}=[\boldsymbol{a}_1\quad \boldsymbol{a}_2\quad \cdots\quad \boldsymbol{a}_m]$的秩等于矩阵$[\boldsymbol{A}\quad \boldsymbol{B}]=[\boldsymbol{a}_1\quad \boldsymbol{a}\quad \cdots\quad \boldsymbol{a}_m\quad \boldsymbol{b}_1\quad \boldsymbol{b}_2\quad \cdots\quad \boldsymbol{b}_n]$的秩，即$R(\boldsymbol{A})=R([\boldsymbol{A},\boldsymbol{B}])$.

例 11 设n维向量组A:$\boldsymbol{a}_1,\boldsymbol{a}_2,\cdots,\boldsymbol{a}_m$构成$n\times m$矩阵$\boldsymbol{A}=[\boldsymbol{a}_1\quad \boldsymbol{a}_2\quad \cdots\quad \boldsymbol{a}_m]$，$n$阶单位矩阵$\boldsymbol{E}=[\boldsymbol{e}_1\quad \boldsymbol{e}_2\quad \cdots\quad \boldsymbol{e}_n]$的列向量叫做$n$维单位坐标向量，证明：$n$维单位坐标向量组$\boldsymbol{e}_1,\boldsymbol{e}_2,\cdots,\boldsymbol{e}_n$能由向量组$A$线性表示的充分必要条件是$R(\boldsymbol{A})=n$.

证明 由定理7，向量组$\boldsymbol{e}_1,\boldsymbol{e}_2,\cdots,\boldsymbol{e}_n$能由向量组$A$线性表示的充分必要条件是$R(\boldsymbol{A})=R(\boldsymbol{A},\boldsymbol{E})$，而$R(\boldsymbol{A},\boldsymbol{E})\geqslant R(\boldsymbol{E})=n$，又矩阵$[\boldsymbol{A}\quad \boldsymbol{E}]$含$n$行，知$R(\boldsymbol{A},\boldsymbol{E})\leqslant n$. 从而$R(\boldsymbol{A},\boldsymbol{E})=n$. 因此条件$R(\boldsymbol{A})=R(\boldsymbol{A},\boldsymbol{E})$就是$R(\boldsymbol{A})=n$.

定理 8 设向量组$\boldsymbol{B}$:$\boldsymbol{b}_1,\boldsymbol{b}_2,\cdots,\boldsymbol{b}_n$能由向量组$\boldsymbol{A}$:$\boldsymbol{a}_1,\boldsymbol{a}_2,\cdots,\boldsymbol{a}_m$线性表示，则$R(\boldsymbol{b}_1,\boldsymbol{b}_2,\cdots,\boldsymbol{b}_n)\leqslant R(\boldsymbol{a}_1,\boldsymbol{a}_2,\cdots,\boldsymbol{a}_m)$.

证明 记$\boldsymbol{A}=[\boldsymbol{a}_1\quad \boldsymbol{a}_2\quad \cdots\quad \boldsymbol{a}_m]$，$\boldsymbol{B}=[\boldsymbol{b}_1\quad \boldsymbol{b}_2\quad \cdots\quad \boldsymbol{b}_n]$. 由定理7及已知条件有$R(\boldsymbol{A})=R([\boldsymbol{A},\boldsymbol{B}])$，而$R(\boldsymbol{B})\leqslant R([\boldsymbol{A},\boldsymbol{B}])$，因此$R(\boldsymbol{B})\leqslant R(\boldsymbol{A})$.

三、向量组的线性相关性及其判别

定义 6 对于向量组$\boldsymbol{a}_1,\boldsymbol{a}_2,\cdots,\boldsymbol{a}_s$，如果存在不全为0的数$k_1,k_2,\cdots,k_s$，使得$k_1\boldsymbol{a}_1+k_2\boldsymbol{a}_2+\cdots+k_s\boldsymbol{a}_s=\boldsymbol{0}$，则称向量组$\boldsymbol{a}_1,\boldsymbol{a}_2,\cdots,\boldsymbol{a}_s$线性相关；否则就称向量组$\boldsymbol{a}_1,\boldsymbol{a}_2,\cdots,\boldsymbol{a}_s$线性无关.

例 12 试证向量组$\boldsymbol{a}_1,\boldsymbol{a}_2,\boldsymbol{0}$是线性相关的.

证明 因为

$$0\cdot\boldsymbol{a}_1+0\cdot\boldsymbol{a}_2+1\cdot\boldsymbol{0}=\boldsymbol{0}$$

其中系数0,0,1不全为零，所以$\boldsymbol{a}_1,\boldsymbol{a}_2,\boldsymbol{0}$是线性相关的.

由此例可以看出，包含零向量的向量组一定是线性相关的.

说向量组$\boldsymbol{a}_1,\boldsymbol{a}_2,\cdots,\boldsymbol{a}_s$线性相关，通常是指$s\geqslant 2$的情形，但定义6也适用于$s=1$的情形. 当$s=1$时，向量组只含一个向量，对于只含一个向量$\boldsymbol{a}$的向量组，当$\boldsymbol{a}=\boldsymbol{0}$时是线性相关的，当$\boldsymbol{a}\neq\boldsymbol{0}$时是线性无关的；对于含有两个向量$\boldsymbol{a}_1,\boldsymbol{a}_2$的向量组，它们线性相关的充分必要条件是$\boldsymbol{a}_1,\boldsymbol{a}_2$的分量对应成比例，其几何意义是两向量共线；三个向量线性相关的几何意义是三向量共面.

向量组A:$\boldsymbol{a}_1,\boldsymbol{a}_2,\cdots,\boldsymbol{a}_s(s\geqslant 2)$线性相关，也就是在向量组$A$中至少有一个向量能由其余$s-1$个向量线性表示. 这是因为如果向量组$A$线性相关，则有不全为0的数$k_1,k_2,\cdots,k_s$，使$k_1\boldsymbol{a}_1+k_2\boldsymbol{a}_2+\cdots+k_s\boldsymbol{a}_s=\boldsymbol{0}$. 因$k_1,k_2,\cdots,k_s$不全为0，不妨设$k_1\neq 0$，于是便有

$$\boldsymbol{a}_1=-\frac{1}{k_1}(k_2\boldsymbol{a}_2+\cdots+k_s\boldsymbol{a}_s)$$

那么$\boldsymbol{a}_1$能由$\boldsymbol{a}_2,\cdots,\boldsymbol{a}_s$线性表示.

如果向量组A中有某个向量能由其余$s-1$个向量线性表示，不妨设$\boldsymbol{a}_s$能由$\boldsymbol{a}_1,\cdots,\boldsymbol{a}_{s-1}$线性表示，即有$k_1,k_2,\cdots,k_{s-1}$，使$\boldsymbol{a}_s=k_1\boldsymbol{a}_1+k_2\boldsymbol{a}_2+\cdots+k_{s-1}\boldsymbol{a}_{s-1}$，于是

$$k_1\boldsymbol{a}_1+k_2\boldsymbol{a}_2+\cdots+k_{s-1}\boldsymbol{a}_{s-1}+(-1)\boldsymbol{a}_s=\boldsymbol{0}$$

因为 $k_1,k_2,\cdots,k_{s-1},-1$ 这 s 个数不全为 0,所以向量组 A 线性相关.

向量组 $A:\boldsymbol{a}_1,\boldsymbol{a}_2,\cdots,\boldsymbol{a}_s$ 构成矩阵 $\boldsymbol{A}=[\boldsymbol{a}_1\quad \boldsymbol{a}_2\quad \cdots\quad \boldsymbol{a}_s]$,向量组 A 线性相关,就是齐次线性方程组

$$x_1\boldsymbol{a}_1+x_2\boldsymbol{a}_2+\cdots+x_s\boldsymbol{a}_s=\boldsymbol{0}$$

有非零解.由上节定理 3,即可得下面的定理.

定理 9　向量组 $\boldsymbol{a}_1,\boldsymbol{a}_2,\cdots,\boldsymbol{a}_s$ 线性相关的充分必要条件是它所构成的矩阵 $\boldsymbol{A}=[\boldsymbol{a}_1\quad \boldsymbol{a}_2\quad \cdots\quad \boldsymbol{a}_s]$ 的秩小于向量个数 s,线性无关的充分必要条件是 $R(\boldsymbol{A})=s$.

例 13　试讨论 n 维单位坐标向量组的线性相关性.

解　n 维单位坐标向量组构成的矩阵

$$\boldsymbol{E}=[\boldsymbol{e}_1\quad \boldsymbol{e}_2\quad \cdots\quad \boldsymbol{e}_n]$$

是 n 阶单位矩阵.由 $|\boldsymbol{E}|=1\neq 0$ 知 $R(\boldsymbol{E})=n$,即 $R(\boldsymbol{E})$ 等于向量组中向量个数,故由定理 9 知此向量组是线性无关的.

例 14　已知

$$\boldsymbol{a}_1=\begin{bmatrix}1\\-3\\2\\0\end{bmatrix},\quad \boldsymbol{a}_2=\begin{bmatrix}2\\3\\4\\-1\end{bmatrix},\quad \boldsymbol{a}_3=\begin{bmatrix}4\\2\\5\\-2\end{bmatrix}$$

试讨论向量组 $\boldsymbol{a}_1,\boldsymbol{a}_2,\boldsymbol{a}_3$ 的线性相关性.

解　对矩阵 $[\boldsymbol{a}_1\quad \boldsymbol{a}_2\quad \boldsymbol{a}_3]$ 施行初等行变换变成行阶梯形矩阵,有

$$[\boldsymbol{a}_1\quad \boldsymbol{a}_2\quad \boldsymbol{a}_3]=\begin{bmatrix}1&2&4\\-3&3&2\\2&4&5\\0&-1&-2\end{bmatrix}\xrightarrow[r_4\div(-1)]{\substack{r_2+3r_1\\ r_3-2r_1}}\begin{bmatrix}1&2&4\\0&9&14\\0&0&-3\\0&1&2\end{bmatrix}$$

$$\xrightarrow{r_2\leftrightarrow r_4}\begin{bmatrix}1&2&4\\0&1&2\\0&0&-3\\0&9&14\end{bmatrix}\xrightarrow{r_4-9r_2}\begin{bmatrix}1&2&4\\0&1&2\\0&0&-3\\0&0&-4\end{bmatrix}\xrightarrow{r_4-\frac{4}{3}r_3}\begin{bmatrix}1&2&4\\0&1&2\\0&0&-3\\0&0&0\end{bmatrix}$$

可见 $R(\boldsymbol{a}_1,\boldsymbol{a}_2,\boldsymbol{a}_3)=3$,故向量组 $\boldsymbol{a}_1,\boldsymbol{a}_2,\boldsymbol{a}_3$ 线性无关.

例 15　证明 $\boldsymbol{a}_1+\boldsymbol{a}_2,\boldsymbol{a}_2+\boldsymbol{a}_3,\boldsymbol{a}_3+\boldsymbol{a}_1$ 线性无关的充分必要条件是 $\boldsymbol{a}_1,\boldsymbol{a}_2,\boldsymbol{a}_3$ 线性无关.

证明　充分性:已知 $\boldsymbol{a}_1,\boldsymbol{a}_2,\boldsymbol{a}_3$ 线性无关,要证 $\boldsymbol{a}_1+\boldsymbol{a}_2,\boldsymbol{a}_2+\boldsymbol{a}_3,\boldsymbol{a}_3+\boldsymbol{a}_1$ 也线性无关.

设有三个数 k_1,k_2,k_3,考察

$$k_1(\boldsymbol{a}_1+\boldsymbol{a}_2)+k_2(\boldsymbol{a}_2+\boldsymbol{a}_3)+k_3(\boldsymbol{a}_3+\boldsymbol{a}_1)=\boldsymbol{0}$$

即

$$(k_1+k_3)\boldsymbol{a}_1+(k_1+k_2)\boldsymbol{a}_2+(k_2+k_3)\boldsymbol{a}_3=\boldsymbol{0}$$

因为 $\boldsymbol{a}_1,\boldsymbol{a}_2,\boldsymbol{a}_3$ 线性无关,所以有

$$\begin{cases}k_1+k_3=0\\k_1+k_2=0\\k_2+k_3=0\end{cases}$$

此齐次线性方程组的系数行列式

$$\begin{vmatrix} 1 & 0 & 1 \\ 1 & 1 & 0 \\ 0 & 1 & 1 \end{vmatrix} = 2 \neq 0$$

故方程组只有零解 $k_1 = k_2 = k_3 = 0$，所以向量组 $\boldsymbol{a}_1+\boldsymbol{a}_2, \boldsymbol{a}_2+\boldsymbol{a}_3, \boldsymbol{a}_3+\boldsymbol{a}_1$ 线性无关.

必要性：已知 $\boldsymbol{a}_1+\boldsymbol{a}_2, \boldsymbol{a}_2+\boldsymbol{a}_3, \boldsymbol{a}_3+\boldsymbol{a}_1$ 线性无关，要证 $\boldsymbol{a}_1, \boldsymbol{a}_2, \boldsymbol{a}_3$ 也线性无关.

用反证法. 假设 $\boldsymbol{a}_1, \boldsymbol{a}_2, \boldsymbol{a}_3$ 线性相关，则向量组 $\boldsymbol{a}_1, \boldsymbol{a}_2, \boldsymbol{a}_3$ 所构成的矩阵 $[\boldsymbol{a}_1, \boldsymbol{a}_2, \boldsymbol{a}_3]$ 的秩小于等于 2，又 $\boldsymbol{a}_1+\boldsymbol{a}_2, \boldsymbol{a}_2+\boldsymbol{a}_3, \boldsymbol{a}_3+\boldsymbol{a}_1$ 可以由 $\boldsymbol{a}_1, \boldsymbol{a}_2, \boldsymbol{a}_3$ 线性表示，则其秩也必小于等于 2，即 $\boldsymbol{a}_1+\boldsymbol{a}_2, \boldsymbol{a}_2+\boldsymbol{a}_3, \boldsymbol{a}_3+\boldsymbol{a}_1$ 线性相关，这与题设 $\boldsymbol{a}_1+\boldsymbol{a}_2, \boldsymbol{a}_2+\boldsymbol{a}_3, \boldsymbol{a}_3+\boldsymbol{a}_1$ 线性无关矛盾，故 $\boldsymbol{a}_1, \boldsymbol{a}_2, \boldsymbol{a}_3$ 必线性无关.

推论 2 n 个 n 维向量 $\boldsymbol{a}_1, \boldsymbol{a}_2, \cdots, \boldsymbol{a}_n$ 线性相关的充要条件是 $|\boldsymbol{A}| = 0$，这里 $\boldsymbol{A} = [\boldsymbol{a}_1 \quad \boldsymbol{a}_2 \quad \cdots \quad \boldsymbol{a}_n]$.

例 16 设有向量组 $\boldsymbol{a}_1 = (1,1,1,3)^{\mathrm{T}}, \boldsymbol{a}_2 = (-1,-3,5,1)^{\mathrm{T}}, \boldsymbol{a}_3 = (3,2,-1,p+2)^{\mathrm{T}}, \boldsymbol{a}_4 = (-2,-6,10,p)^{\mathrm{T}}$，问：$p$ 取何值时，该向量组线性相关？p 取何值时，该向量组线性无关？

解 由推论 2 知，当 $|\boldsymbol{A}| = |\boldsymbol{a}_1 \quad \boldsymbol{a}_2 \quad \boldsymbol{a}_3 \quad \boldsymbol{a}_4| = 0$ 时，向量组线性相关. 因为

$$|\boldsymbol{A}| = \begin{vmatrix} 1 & -1 & 3 & -2 \\ 1 & -3 & 2 & -6 \\ 1 & 5 & -1 & 10 \\ 3 & 1 & p+2 & p \end{vmatrix} \xlongequal[r_4-3r_1]{\substack{r_2-r_1 \\ r_3-r_1}} \begin{vmatrix} 1 & -1 & 3 & -2 \\ 0 & -2 & -1 & -4 \\ 0 & 6 & -4 & 12 \\ 0 & 4 & p-7 & p+6 \end{vmatrix}$$

$$\xlongequal[r_4+2r_2]{r_3+3r_2} \begin{vmatrix} 1 & -1 & 3 & -2 \\ 0 & -2 & -1 & -4 \\ 0 & 0 & -7 & 0 \\ 0 & 0 & p-9 & p-2 \end{vmatrix} = -7 \begin{vmatrix} 1 & -1 & 3 & -2 \\ 0 & -2 & -1 & -4 \\ 0 & 0 & 1 & 0 \\ 0 & 0 & p-9 & p-2 \end{vmatrix}$$

$$\xlongequal{r_4-(p-9)r_3} -7 \begin{vmatrix} 1 & -1 & 3 & -2 \\ 0 & -2 & -1 & -4 \\ 0 & 0 & 1 & 0 \\ 0 & 0 & 0 & p-2 \end{vmatrix} = 14(p-2)$$

故当 $p=2$ 时线性相关，当 $p \neq 2$ 时线性无关.

因此，判断向量组的线性相关性可采用如下几种方法：

(1) 利用定义直接推理；

(2) 通过行列式；

(3) 将向量组写成矩阵的形式，通过讨论矩阵的秩.

定理 10 (1) 若向量组 $A: \boldsymbol{a}_1, \boldsymbol{a}_2, \cdots, \boldsymbol{a}_s$ 线性相关，则向量组 $B: \boldsymbol{a}_1, \boldsymbol{a}_2, \cdots, \boldsymbol{a}_s, \boldsymbol{a}_{s+1}$ 也线性相关；反言之，若向量组 B 线性无关，则向量组 A 也线性无关.

(2) m 个 n 维向量组成的向量组，当维数 n 小于向量个数 m 时一定线性相关，特别地，$n+1$ 个 n 维向量一定线性相关.

(3) 设向量组 $A: \boldsymbol{a}_1, \boldsymbol{a}_2, \cdots, \boldsymbol{a}_s$ 线性无关，而向量组 $B: \boldsymbol{a}_1, \boldsymbol{a}_2, \cdots, \boldsymbol{a}_s, \boldsymbol{b}$ 线性相关，则向量 $\boldsymbol{b}$ 必能由向量组 A 线性表示，且表示式是唯一的.

证明 这些结论都可用定理 9 来证明.

(1) 记$\boldsymbol{A}=[\boldsymbol{a}_1 \quad \boldsymbol{a}_2 \quad \cdots \quad \boldsymbol{a}_s]$,$\boldsymbol{B}=[\boldsymbol{a}_1 \quad \boldsymbol{a}_2 \quad \cdots \quad \boldsymbol{a}_s \quad \boldsymbol{a}_{s+1}]$,有$R(\boldsymbol{B})\leqslant R(\boldsymbol{A})+1$.若向量组$A$线性相关,则$R(\boldsymbol{A})<s$,从而$R(\boldsymbol{B})<s+1$,因此向量组$B$线性相关.

(2) m个n维向量$\boldsymbol{a}_1,\boldsymbol{a}_2,\cdots,\boldsymbol{a}_m$构成矩阵$\boldsymbol{A}_{n\times m}=[\boldsymbol{a}_1 \quad \boldsymbol{a}_2 \quad \cdots \quad \boldsymbol{a}_m]$,有$R(\boldsymbol{A})\leqslant n$.若$n<m$,则$R(\boldsymbol{A})<m$,故$m$个$n$维向量$\boldsymbol{a}_1,\boldsymbol{a}_2,\cdots,\boldsymbol{a}_m$线性相关.

(3) 记$\boldsymbol{A}=[\boldsymbol{a}_1 \quad \boldsymbol{a}_2 \quad \cdots \quad \boldsymbol{a}_s]$,$\boldsymbol{B}=[\boldsymbol{a}_1 \quad \boldsymbol{a}_2 \quad \cdots \quad \boldsymbol{a}_s \quad \boldsymbol{b}]$,有$R(\boldsymbol{A})\leqslant R(\boldsymbol{B})$.因向量组$A$线性无关,有$R(\boldsymbol{A})=s$;因向量组$B$线性相关,有$R(\boldsymbol{B})<s+1$.所以$s\leqslant R(\boldsymbol{B})<s+1$,即有$R(\boldsymbol{B})=s$.

由$R(\boldsymbol{A})=R(\boldsymbol{B})=s$知,方程组$\boldsymbol{Ax}=\boldsymbol{b}$有唯一解,即向量$\boldsymbol{b}$能由向量组$A$线性表示,且表示式是唯一的.

结论　上面定理的(1)是对向量组增加一个向量而言的,增加多个向量结论也仍然成立.即设向量组A是向量组B的一部分(这时A组是B组的部分组),于是(1)可一般地叙述为:一个向量组若有线性相关的部分组,则该向量组线性相关;一个向量组若线性无关,则它的任何部分组都线性无关.

例 17　设向量组$\boldsymbol{a}_1,\boldsymbol{a}_2,\boldsymbol{a}_3$线性相关,向量组$\boldsymbol{a}_2,\boldsymbol{a}_3,\boldsymbol{a}_4$线性无关,证明:

(1) $\boldsymbol{a}_1$能由$\boldsymbol{a}_2,\boldsymbol{a}_3$线性表示;

(2) $\boldsymbol{a}_4$不能由$\boldsymbol{a}_1,\boldsymbol{a}_2,\boldsymbol{a}_3$线性表示.

证　(1) 因$\boldsymbol{a}_2,\boldsymbol{a}_3,\boldsymbol{a}_4$线性无关,由定理10的(1)知,$\boldsymbol{a}_2,\boldsymbol{a}_3$线性无关,而$\boldsymbol{a}_1,\boldsymbol{a}_2,\boldsymbol{a}_3$线性相关,由定理10的(3)知,$\boldsymbol{a}_1$能由$\boldsymbol{a}_2,\boldsymbol{a}_3$线性表示,且表示式唯一.

(2) 用反证法.假设$\boldsymbol{a}_4$能由$\boldsymbol{a}_1,\boldsymbol{a}_2,\boldsymbol{a}_3$线性表示,而由(1)知,$\boldsymbol{a}_1$能由$\boldsymbol{a}_2,\boldsymbol{a}_3$线性表示,因此$\boldsymbol{a}_4$能由$\boldsymbol{a}_2,\boldsymbol{a}_3$线性表示,这与$\boldsymbol{a}_2,\boldsymbol{a}_3,\boldsymbol{a}_4$线性无关矛盾.故$\boldsymbol{a}_4$不能由$\boldsymbol{a}_1,\boldsymbol{a}_2,\boldsymbol{a}_3$线性表示.

第四节　向量组的秩

一、向量组的等价关系

设有两个向量组A:$\boldsymbol{a}_1,\boldsymbol{a}_2,\cdots,\boldsymbol{a}_s$,$B$:$\boldsymbol{b}_1,\boldsymbol{b}_2,\cdots,\boldsymbol{b}_t$,如果向量组$A$与向量组$B$可以互相线性表示,则称向量组$A$与向量组$B$等价,记为$A\sim B$.

例如,向量组$\boldsymbol{a}_1=\begin{bmatrix}1\\0\\0\end{bmatrix}$,$\boldsymbol{a}_2=\begin{bmatrix}0\\1\\0\end{bmatrix}$,$\boldsymbol{a}_3=\begin{bmatrix}0\\0\\1\end{bmatrix}$和向量组$\boldsymbol{b}_1=\begin{bmatrix}1\\1\\1\end{bmatrix}$,$\boldsymbol{b}_2=\begin{bmatrix}1\\1\\0\end{bmatrix}$,$\boldsymbol{b}_3=\begin{bmatrix}1\\0\\0\end{bmatrix}$.显然,$\boldsymbol{b}_1=\boldsymbol{a}_1+\boldsymbol{a}_2+\boldsymbol{a}_3$,$\boldsymbol{b}_2=\boldsymbol{a}_1+\boldsymbol{a}_2$,$\boldsymbol{b}_3=\boldsymbol{a}_1$;也容易解出$\boldsymbol{a}_1=\boldsymbol{b}_3$,$\boldsymbol{a}_2=\boldsymbol{b}_2-\boldsymbol{b}_3$,$\boldsymbol{a}_3=\boldsymbol{b}_1-\boldsymbol{b}_2$.可见这两个向量组可以互相线性表示,所以它们是等价向量组.

向量组之间的等价关系具有下面三条性质:

(1) 反身性:向量组A与向量组A自身等价;

(2) 对称性:若向量组A与向量组B等价,则向量组B与向量组A也等价;

(3) 传递性:若向量组A与向量组B等价,向量组B与向量组C等价,则向量组A与向量组C必等价.

定理 11　向量组A:$\boldsymbol{a}_1,\boldsymbol{a}_2,\cdots,\boldsymbol{a}_m$与向量组$B$:$\boldsymbol{b}_1,\boldsymbol{b}_2,\cdots,\boldsymbol{b}_n$等价的充分必要条件是

$R(\boldsymbol{A})=R(\boldsymbol{B})=R([\boldsymbol{A},\boldsymbol{B}])$，其中 $\boldsymbol{A}$ 和 $\boldsymbol{B}$ 是向量组 A 和 B 所构成的矩阵.

例 18 已知向量组 $A:\boldsymbol{a}_1=\begin{bmatrix}0\\1\\1\end{bmatrix},\boldsymbol{a}_2=\begin{bmatrix}1\\1\\0\end{bmatrix}$ 和向量组 $B:\boldsymbol{b}_1=\begin{bmatrix}-1\\0\\1\end{bmatrix},\boldsymbol{b}_2=\begin{bmatrix}1\\2\\1\end{bmatrix},\boldsymbol{b}_3=\begin{bmatrix}3\\2\\-1\end{bmatrix}$，证明向量组 A 与向量组 B 等价.

证明 记 $\boldsymbol{A}=[\boldsymbol{a}_1\quad \boldsymbol{a}_2],\boldsymbol{B}=[\boldsymbol{b}_1\quad \boldsymbol{b}_2\quad \boldsymbol{b}_3]$. 由定理 11 知，只要证 $R(\boldsymbol{A})=R(\boldsymbol{B})=R([\boldsymbol{A},\boldsymbol{B}])$. 为此把矩阵$[\boldsymbol{A}\quad \boldsymbol{B}]$化为行阶梯形，即

$$[\boldsymbol{A}\quad \boldsymbol{B}]=\begin{bmatrix}0&1&-1&1&3\\1&1&0&2&2\\1&0&1&1&-1\end{bmatrix}\sim\begin{bmatrix}1&1&0&2&2\\0&1&-1&1&3\\0&0&0&0&0\end{bmatrix}$$

可见 $R(\boldsymbol{A})=2,R([\boldsymbol{A},\boldsymbol{B}])=2$.

容易看出矩阵 $\boldsymbol{B}$ 中有不等于 0 的二阶子式，故 $R(\boldsymbol{B})\geqslant 2$，又 $R(\boldsymbol{B})\leqslant R([\boldsymbol{A},\boldsymbol{B}])=2$，于是知 $R(\boldsymbol{B})=2$. 因此 $R(\boldsymbol{A})=R(\boldsymbol{B})=R([\boldsymbol{A},\boldsymbol{B}])$，即向量组 A 与向量组 B 等价.

二、极大线性无关组

定义 7 设有向量组 A，如果在 A 中选出 r 个向量 $\boldsymbol{a}_1,\boldsymbol{a}_2,\cdots,\boldsymbol{a}_r$，满足

(1) 向量组 $A_0:\boldsymbol{a}_1,\boldsymbol{a}_2,\cdots,\boldsymbol{a}_r$ 线性无关；

(2) 向量组 A 中任意 $r+1$ 个向量(如果 A 中有 $r+1$ 个向量的话)都线性相关，那么称向量组 A_0 是向量组 A 的一个极大线性无关组，简称极大无关组.

例如，向量组 $\boldsymbol{a}_1=\begin{bmatrix}1\\0\end{bmatrix},\boldsymbol{a}_2=\begin{bmatrix}1\\2\end{bmatrix},\boldsymbol{a}_3=\begin{bmatrix}2\\3\end{bmatrix}$ 中，$\boldsymbol{a}_1,\boldsymbol{a}_2$ 是线性无关的，而 $\boldsymbol{a}_3=\frac{1}{2}\boldsymbol{a}_1+\frac{3}{2}\boldsymbol{a}_2$，添加 $\boldsymbol{a}_3$ 后就线性相关，所以，$\boldsymbol{a}_1,\boldsymbol{a}_2$ 就是一个极大线性无关组. 其实，$\boldsymbol{a}_1,\boldsymbol{a}_3$ 与 $\boldsymbol{a}_2,\boldsymbol{a}_3$ 也都是极大线性无关组. 一个向量组的极大线性无关组往往是不唯一的，那么它们之间有什么关系呢?

向量组 A 和它自己的极大线性无关组 A_0 是等价的. 这是因为 A_0 组是 A 组的一个部分组，故 A_0 组总能由 A 组线性表示；对于 A 中任一个向量 $\boldsymbol{a}$，$r+1$ 个向量 $\boldsymbol{a}_1,\boldsymbol{a}_2,\cdots,\boldsymbol{a}_r,\boldsymbol{a}$ 线性相关，而 $\boldsymbol{a}_1,\boldsymbol{a}_2,\cdots,\boldsymbol{a}_r$ 线性无关，故由定理 10 的(3)知 $\boldsymbol{a}$ 能由 $\boldsymbol{a}_1,\boldsymbol{a}_2,\cdots,\boldsymbol{a}_r$ 线性表示，即 A 组能由 A_0 组线性表示. 所以 A 组与 A_0 组等价. 由于等价具有传递性，故向量组的极大线性无关组是等价的.

三、向量组的秩

向量组的极大无关组是等价的，而等价的线性无关的向量组的向量个数是相等的，这就是说，虽然一个向量组的极大无关组的选取方法可以不是唯一的，但选出的极大无关组中向量的个数是相同的，也就是说，极大无关组中向量的个数是一个反映给定向量组的线性相关性的本质的不变量. 由此下面引出向量组的秩的概念.

定义 8 向量组 $\boldsymbol{a}_1,\boldsymbol{a}_2,\cdots,\boldsymbol{a}_s$ 的极大线性无关组中所含向量的个数 r 称为这个向量组的秩，记作 $R(\boldsymbol{a}_1,\boldsymbol{a}_2,\cdots,\boldsymbol{a}_s)=r$. 只含零向量的向量组的秩规定为 0.

例如，$\boldsymbol{a}_1=\begin{bmatrix}0\\0\end{bmatrix}$，$\boldsymbol{a}_2=\begin{bmatrix}1\\0\end{bmatrix}$，$\boldsymbol{a}_3=\begin{bmatrix}2\\0\end{bmatrix}$ 的极大线性无关组中只有一个向量 $\boldsymbol{a}_2$（或 $\boldsymbol{a}_3$）. 因此，$\boldsymbol{a}_1,\boldsymbol{a}_2,\boldsymbol{a}_3$ 的秩是 1，记作 $R(\boldsymbol{a}_1,\boldsymbol{a}_2,\boldsymbol{a}_3)=1$.

推论 3　矩阵的秩等于它的行向量组的秩；也等于它列向量组的秩.

对于一个向量组，一般情况下如何求它的秩和极大无关组呢？其具体步骤如下：

(1) 将向量依次按列写成矩阵；

(2) 对矩阵施行初等行变换，化作行最简形矩阵；

(3) 非零首元所在列对应的原来的向量组即为一个极大线性无关组.

例 19　求向量组 $\boldsymbol{a}_1=\begin{bmatrix}2\\1\\2\\3\end{bmatrix}$，$\boldsymbol{a}_2=\begin{bmatrix}1\\1\\3\\3\end{bmatrix}$，$\boldsymbol{a}_3=\begin{bmatrix}0\\1\\4\\3\end{bmatrix}$，$\boldsymbol{a}_4=\begin{bmatrix}1\\0\\-2\\-1\end{bmatrix}$，$\boldsymbol{a}_5=\begin{bmatrix}1\\2\\9\\8\end{bmatrix}$ 的一个极大线性无关组，并将其余向量用这个极大线性无关组线性表示.

解

$$\begin{bmatrix}2&1&0&1&1\\1&1&1&0&2\\2&3&4&-2&9\\3&3&3&-1&8\end{bmatrix}\xrightarrow{r_1\leftrightarrow r_2}\begin{bmatrix}1&1&1&0&2\\2&1&0&1&1\\2&3&4&-2&9\\3&3&3&-1&8\end{bmatrix}$$

$$\xrightarrow[r_4-3r_1]{\substack{r_2-2r_1\\r_3-2r_1}}\begin{bmatrix}1&1&1&0&2\\0&-1&-2&1&-3\\0&1&2&-2&5\\0&0&0&-1&2\end{bmatrix}\xrightarrow{r_3+r_2}\begin{bmatrix}1&1&1&0&2\\0&-1&-2&1&-3\\0&0&0&-1&2\\0&0&0&-1&2\end{bmatrix}$$

$$\xrightarrow[r_4+r_3]{\substack{r_2\div(-1)\\r_3\div(-1)}}\begin{bmatrix}1&1&1&0&2\\0&1&2&-1&3\\0&0&0&1&-2\\0&0&0&0&0\end{bmatrix}\xrightarrow{r_2+r_3}\begin{bmatrix}1&1&1&0&2\\0&1&2&0&1\\0&0&0&1&-2\\0&0&0&0&0\end{bmatrix}$$

$$\xrightarrow{r_1-r_2}\begin{bmatrix}1&0&-1&0&1\\0&1&2&0&1\\0&0&0&1&-2\\0&0&0&0&0\end{bmatrix}$$

故 $\boldsymbol{a}_1,\boldsymbol{a}_2,\boldsymbol{a}_4$ 是一个极大线性无关组，有

$$\boldsymbol{a}_3=-\boldsymbol{a}_1+2\boldsymbol{a}_2$$

$$\boldsymbol{a}_5=\boldsymbol{a}_1+\boldsymbol{a}_2-2\boldsymbol{a}_4$$

注　向量组中每一个向量由极大线性无关组中的向量线性表示的表达式是唯一确定的.

证明　设 $\boldsymbol{a}_1,\boldsymbol{a}_2,\cdots,\boldsymbol{a}_k$ 为向量组 S 的极大无关组，$\boldsymbol{a}$ 为 S 中的向量，假设

$$\boldsymbol{a}=\lambda_1\boldsymbol{a}_1+\lambda_2\boldsymbol{a}_2+\cdots+\lambda_k\boldsymbol{a}_k\quad\text{和}\quad\boldsymbol{a}=\mu_1\boldsymbol{a}_1+\mu_2\boldsymbol{a}_2+\cdots+\mu_k\boldsymbol{a}_k$$

两式相减得

$$\mathbf{0}=(\lambda_1-\mu_1)\boldsymbol{a}_1+(\lambda_2-\mu_2)\boldsymbol{a}_2+\cdots+(\lambda_k-\mu_k)\boldsymbol{a}_k$$

又由于 $\boldsymbol{a}_1,\boldsymbol{a}_2,\cdots,\boldsymbol{a}_k$ 为极大无关组，故线性无关. 因此，有

$$\lambda_1-\mu_1=\lambda_2-\mu_2=\cdots=\lambda_k-\mu_k=0$$

即

$$\lambda_1=\mu_1,\quad \lambda_2=\mu_2,\quad \cdots,\quad \lambda_k=\mu_k$$

第五节　向量空间

一、向量空间的定义

定义 9　设 V 为 n 维向量的集合，如果集合 V 非空，且满足

(1) $\forall \boldsymbol{\alpha},\boldsymbol{\beta}\in V,\boldsymbol{\alpha}+\boldsymbol{\beta}\in V$；

(2) $\forall \boldsymbol{\alpha}\in V,k\in\mathbf{R},k\boldsymbol{\alpha}\in V$，

则称集合 V 为向量空间.

例 20　设 $V=\{(x,0,0)^{\mathrm{T}}\mid x\in\mathbf{R}\}$，试说明 V 构成一个向量空间.

解　因为若

$$\boldsymbol{a}=(x,0,0)^{\mathrm{T}}\in V,\quad \boldsymbol{b}=(y,0,0)^{\mathrm{T}}\in V$$

则

$$\boldsymbol{a}+\boldsymbol{b}=(x+y,0,0)^{\mathrm{T}}\in V,\quad k\boldsymbol{a}=(kx,0,0)^{\mathrm{T}}\in V$$

所以 V 构成一个向量空间.

例 21　试判断下列集合是否构成向量空间：

(1) $V_1=\{(0,x_2,\cdots,x_n)^{\mathrm{T}}\mid x_2,\cdots,x_n\in\mathbf{R}\}$；

(2) $V_2=\{(1,x_2,\cdots,x_n)^{\mathrm{T}}\mid x_2,\cdots,x_n\in\mathbf{R}\}$；

(3) $V_3=\{x\mid \boldsymbol{Ax}=\boldsymbol{0}\}$；

(4) $V_4=\{x\mid \boldsymbol{Ax}=\boldsymbol{b},\boldsymbol{b}\neq 0\}$.

解　(1) 因为对任意

$$\boldsymbol{a}=(0,a_2,\cdots,a_n)^{\mathrm{T}}\in V_1,\quad \boldsymbol{b}=(0,b_2,\cdots,b_n)^{\mathrm{T}}\in V_1$$

$$\boldsymbol{a}+\boldsymbol{b}=(0,a_2+b_2,\cdots,a_n+b_n)^{\mathrm{T}}\in V_1$$

且 $\forall k\in\mathbf{R}$

$$k\boldsymbol{a}=(0,ka_2,\cdots,ka_n)^{\mathrm{T}}\in V_1$$

所以 V_1 可以构成向量空间.

(2) 因为对任意 $\boldsymbol{a}=(1,a_2,\cdots,a_n)^{\mathrm{T}}\in V_2$，当 $k\neq 1\in\mathbf{R}$ 时

$$k\boldsymbol{a}=(k,ka_2,\cdots,ka_n)^{\mathrm{T}}\notin V_2$$

所以 V_2 不能构成向量空间.

(3) 对任意 $\boldsymbol{a}\in V_3,\boldsymbol{b}\in V_3$，有 $\boldsymbol{Aa}=\boldsymbol{0},\boldsymbol{Ab}=\boldsymbol{0}$. 因为 $\boldsymbol{A}(\boldsymbol{a}+\boldsymbol{b})=\boldsymbol{Aa}+\boldsymbol{Ab}=\boldsymbol{0}$，所以 $\boldsymbol{a}+\boldsymbol{b}\in V_3$；又对任意 $k\in\mathbf{R},\boldsymbol{A}(k\boldsymbol{a})=k\boldsymbol{Aa}=\boldsymbol{0}$，所以 $k\boldsymbol{a}\in V_3$. 故 V_3 可以构成向量空间，即齐次线性方程组的解集是一个向量空间(称其为齐次线性方程组的解空间).

(4) 当 $\boldsymbol{Ax}=\boldsymbol{b}$ 无解时，V_4 为空集，V_4 不能构成向量空间：若有解，对任意 $\boldsymbol{a}\in V_4$ 有 $\boldsymbol{Aa}=\boldsymbol{b}$，当 $k\neq 1\in\mathbf{R}$ 时

$$\boldsymbol{A}(k\boldsymbol{a})=k\boldsymbol{Aa}=k\boldsymbol{b}\notin V_4$$

所以 V_4 不能构成向量空间.

例 22　设 $\boldsymbol{a},\boldsymbol{b}$ 为已知的 n 维向量,集合 $L=\{\boldsymbol{x}=\lambda\boldsymbol{a}+\mu\boldsymbol{b} \mid \lambda,\mu\in\mathbf{R}\}$ 是否是向量空间?

解　对任意 $\boldsymbol{x}_1=\lambda_1\boldsymbol{a}+\mu_1\boldsymbol{b}\in L,\boldsymbol{x}_2=\lambda_2\boldsymbol{a}+\mu_2\boldsymbol{b}\in L$,有

$$\boldsymbol{x}_1+\boldsymbol{x}_2=(\lambda_1+\lambda_2)\boldsymbol{a}+(\mu_1+\mu_2)\boldsymbol{b}\in L$$

对任意 $k\in\mathbf{R}$,有

$$k\boldsymbol{x}_1=k\lambda_1\boldsymbol{a}+k\mu_1\boldsymbol{b}\in L$$

所以 L 是一个向量空间,这个向量空间称为由向量 $\boldsymbol{a},\boldsymbol{b}$ 所生成的向量空间.

一般地,由向量组 $\boldsymbol{a}_1,\boldsymbol{a}_2,\cdots,\boldsymbol{a}_m$ 所生成的向量空间为

$$L=\{\lambda_1\boldsymbol{a}_1+\lambda_2\boldsymbol{a}_2+\cdots+\lambda_m\boldsymbol{a}_m \mid \lambda_1,\lambda_2,\cdots,\lambda_m\in\mathbf{R}\}$$

例 23　设向量组 $\boldsymbol{a}_1,\boldsymbol{a}_2,\cdots,\boldsymbol{a}_m$ 与向量组 $\boldsymbol{b}_1,\boldsymbol{b}_2,\cdots,\boldsymbol{b}_s$ 等价,记

$$L_1=\{\boldsymbol{x}=\lambda_1\boldsymbol{a}_1+\lambda_2\boldsymbol{a}_2+\cdots+\lambda_m\boldsymbol{a}_m \mid \lambda_1,\lambda_2,\cdots,\lambda_m\in\mathbf{R}\}$$

$$L_2=\{\boldsymbol{x}=\mu_1\boldsymbol{b}_1+\mu_2\boldsymbol{b}_2+\cdots+\mu_s\boldsymbol{b}_s \mid \mu_1,\mu_2,\cdots,\mu_s\in\mathbf{R}\}$$

试证:$L_1=L_2$.

分析　要证两个集合相等,即证对任意 $\boldsymbol{x}\in L_1$,有 $\boldsymbol{x}\in L_2$;对任意 $\boldsymbol{x}\in L_2$,有 $\boldsymbol{x}\in L_1$.

证明　$\forall\boldsymbol{x}\in L_1,\boldsymbol{x}=k_1\boldsymbol{a}_1+k_2\boldsymbol{a}_2+\cdots+k_m\boldsymbol{a}_m$,又 $\boldsymbol{a}_i(i=1,2,\cdots,m)$ 能由 $\boldsymbol{b}_1,\boldsymbol{b}_2,\cdots,\boldsymbol{b}_s$ 线性表示,所以 $\boldsymbol{x}$ 可由 $\boldsymbol{b}_1,\boldsymbol{b}_2,\cdots,\boldsymbol{b}_s$ 线性表示,即 $\boldsymbol{x}\in L_2$,所以 $L_1\subset L_2$.

同理可证 $\forall\boldsymbol{x}\in L_2$,有 $\boldsymbol{x}\in L_1$,所以 $L_2\subset L_1$.

综上可得 $L_1=L_2$.

因此,要证明两个向量空间相等,只需证明生成向量空间的两个向量组是等价的.

定义 10　设有向量空间 V_1 及 V_2,若 $V_1\subset V_2$,则称 V_1 是 V_2 的子空间.

二、向量空间的基与维数

定义 11　设 V 为向量空间,如果 r 个向量 $\boldsymbol{a}_1,\boldsymbol{a}_2,\cdots,\boldsymbol{a}_r\in V$ 满足

(1) $\boldsymbol{a}_1,\boldsymbol{a}_2,\cdots,\boldsymbol{a}_r$ 线性无关;

(2) V 中任一向量都可由 $\boldsymbol{a}_1,\boldsymbol{a}_2,\cdots,\boldsymbol{a}_r$ 线性表示,

则称 $\boldsymbol{a}_1,\boldsymbol{a}_2,\cdots,\boldsymbol{a}_r$ 为向量空间 V 的一组基,r 称为向量空间 V 的维数,记作 $\dim V=r$,并称 V 为 r 维向量空间.

要注意区分 r 维向量与 r 维向量空间.

若把向量空间 V 看作向量组,则由极大无关组的定义可知,V 的基就是向量组的极大线性无关组,V 的维数就是向量组的秩.

例 24　试证 $\mathbf{R}^n$ 空间的维数为 n.

解　在 $\mathbf{R}^n$ 中,因为 $\boldsymbol{e}_1,\boldsymbol{e}_2,\cdots,\boldsymbol{e}_n$ 线性无关,并且是 $\mathbf{R}^n$ 的极大线性无关组,所以 $\boldsymbol{e}_1,\boldsymbol{e}_2,\cdots,\boldsymbol{e}_n$ 是 $\mathbf{R}^n$ 的一组基,从而 $\mathbf{R}^n$ 的维数是 n.

如何求出向量空间 V 的一组基呢?对于有限向量所构成的向量组,可用上节求极大线性无关组的方法来做.如果向量空间中有无穷多个向量,则不能用此方法.从 V 的构成特点出发,只讨论下面两种特殊情况.

(1) 若向量空间 V 中每个向量是由 r 个独立的任意常数所确定,则分别令一个任意常数取 1,其余取 0 所对应得到的 r 个向量即构成一组基.

例 25　设向量空间 $V=\{(a,b,c)^{\mathrm{T}} \mid a,b,c\in\mathbf{R}\}$,求 V 的一组基.

解　向量空间 V 中的向量是由三个独立的任意常数 a,b,c 确定的，于是向量组

$$\boldsymbol{\alpha}_1=\begin{bmatrix}1\\0\\0\end{bmatrix},\quad \boldsymbol{\alpha}_2=\begin{bmatrix}0\\1\\0\end{bmatrix},\quad \boldsymbol{\alpha}_3=\begin{bmatrix}0\\0\\1\end{bmatrix}$$

为 V 的一组基.

例 26　设向量空间 $V=\{(x,y,0)^{\mathrm{T}}\mid x,y\in\mathbf{R}\}$，求 V 的一组基.

解　向量空间 V 中的向量是由两个独立的任意常数 x,y 确定的，于是向量组

$$\boldsymbol{\alpha}_1=\begin{bmatrix}1\\0\\0\end{bmatrix},\quad \boldsymbol{\alpha}_2=\begin{bmatrix}0\\1\\0\end{bmatrix}$$

为 V 的一组基.

(2) 若向量空间 V 是由向量组 $\boldsymbol{a}_1,\boldsymbol{a}_2,\cdots,\boldsymbol{a}_s$ 所生成的，则 $\boldsymbol{a}_1,\boldsymbol{a}_2,\cdots,\boldsymbol{a}_s$ 的极大无关组即为 V 的一组基.

例 27　设

$$\boldsymbol{a}_1=\begin{bmatrix}1\\1\\1\\0\end{bmatrix},\quad \boldsymbol{a}_2=\begin{bmatrix}1\\2\\0\\-1\end{bmatrix},\quad \boldsymbol{a}_3=\begin{bmatrix}1\\0\\2\\1\end{bmatrix}$$

所生成的向量空间记作 V，求 V 的一组基.

解

$$[\boldsymbol{a}_1\quad \boldsymbol{a}_2\quad \boldsymbol{a}_3]=\begin{bmatrix}1&1&1\\1&2&0\\1&0&2\\0&-1&1\end{bmatrix}\xrightarrow[r_3-r_1]{r_2-r_1}\begin{bmatrix}1&1&1\\0&1&-1\\0&-1&1\\0&-1&1\end{bmatrix}\xrightarrow[r_4+r_2]{r_3+r_2}\begin{bmatrix}1&1&1\\0&1&-1\\0&0&0\\0&0&0\end{bmatrix}$$

所以 $R(\boldsymbol{a}_1,\boldsymbol{a}_2,\boldsymbol{a}_3)=2$，$\boldsymbol{a}_1,\boldsymbol{a}_2$ 为其极大线性无关组，即为向量空间 V 的一组基.

若向量组 $\boldsymbol{a}_1,\boldsymbol{a}_2,\cdots,\boldsymbol{a}_r$ 是向量空间 V 的一组基，则 V 可表示为

$$V=\{\boldsymbol{x}=\lambda_1\boldsymbol{a}_1+\cdots+\lambda_r\boldsymbol{a}_r\mid \lambda_1,\cdots,\lambda_r\in\mathbf{R}\}$$

即 V 是基所生成的向量空间，这就较清楚地显示出向量空间 V 的构造.

例如齐次线性方程组的解空间 $S=\{\boldsymbol{x}\mid \boldsymbol{A}\boldsymbol{x}=\boldsymbol{0}\}$，若能找到解空间的一组基 $\boldsymbol{\xi}_1,\boldsymbol{\xi}_2,\cdots,\boldsymbol{\xi}_{n-r}$，则解空间可表示为

$$S=\{\boldsymbol{x}=c_1\boldsymbol{\xi}_1+c_2\boldsymbol{\xi}_2+\cdots+c_{n-r}\boldsymbol{\xi}_{n-r}\mid c_1,c_2,\cdots,c_{n-r}\in\mathbf{R}\}$$

如果在向量空间 V 中取定一个基 $\boldsymbol{a}_1,\boldsymbol{a}_2,\cdots,\boldsymbol{a}_r$，则 V 中任一向量 $\boldsymbol{x}$ 可唯一地表示为

$$\boldsymbol{x}=\lambda_1\boldsymbol{a}_1+\lambda_2\boldsymbol{a}_2+\cdots+\lambda_r\boldsymbol{a}_r$$

数组 $\lambda_1,\lambda_2,\cdots,\lambda_r$ 称为向量 $\boldsymbol{x}$ 在基 $\boldsymbol{a}_1,\boldsymbol{a}_2,\cdots,\boldsymbol{a}_r$ 下的坐标.

特别地，在 n 维向量空间 $\mathbf{R}^n$ 中取单位坐标向量组 $\boldsymbol{e}_1,\boldsymbol{e}_2,\cdots,\boldsymbol{e}_n$ 为基，则以 $x_1,x_2,\cdots,x_n$ 为分量的向量 $\boldsymbol{x}$ 可表示为

$$\boldsymbol{x}=x_1\boldsymbol{e}_1+x_2\boldsymbol{e}_2+\cdots+x_n\boldsymbol{e}_n$$

可见向量在基 $\boldsymbol{e}_1,\boldsymbol{e}_2,\cdots,\boldsymbol{e}_n$ 下的坐标就是该向量的分量. 因此，$\boldsymbol{e}_1,\boldsymbol{e}_2,\cdots,\boldsymbol{e}_n$ 叫做 $\mathbf{R}^n$ 中的自然基.

例 28　向量组

$$\boldsymbol{a}_1=\begin{bmatrix}1\\1\\0\end{bmatrix},\quad \boldsymbol{a}_2=\begin{bmatrix}2\\1\\3\end{bmatrix},\quad \boldsymbol{a}_3=\begin{bmatrix}0\\0\\1\end{bmatrix}$$

是否为 $\mathbf{R}^3$ 的一组基？若是，求向量 $\boldsymbol{\alpha}=\begin{bmatrix}2\\1\\2\end{bmatrix}$ 在该基下的坐标.

解　因已知 $\mathbf{R}^3$ 的维数为 3，所以只要是三个线性无关的向量就构成 $\mathbf{R}^3$ 的基. 因为

$$[\boldsymbol{a}_1\quad \boldsymbol{a}_2\quad \boldsymbol{a}_3]=\begin{bmatrix}1&2&0\\1&1&0\\0&3&1\end{bmatrix}\xrightarrow{r_2-r_1}\begin{bmatrix}1&2&0\\0&-1&0\\0&3&1\end{bmatrix}\xrightarrow{r_3+3r_2}\begin{bmatrix}1&2&0\\0&-1&0\\0&0&1\end{bmatrix}$$

所以 $\boldsymbol{a}_1,\boldsymbol{a}_2,\boldsymbol{a}_3$ 是 $\mathbf{R}^3$ 的一组基.

求坐标即解方程组

$$\boldsymbol{\alpha}=x_1\boldsymbol{a}_1+x_2\boldsymbol{a}_2+x_3\boldsymbol{a}_3$$

即

$$\begin{bmatrix}1&2&0\\1&1&0\\0&3&1\end{bmatrix}\begin{bmatrix}x_1\\x_2\\x_3\end{bmatrix}=\begin{bmatrix}2\\1\\2\end{bmatrix}$$

得 $x_1=0,x_2=1,x_3=-1$. 所以 $\boldsymbol{\alpha}$ 在基 $\boldsymbol{a}_1,\boldsymbol{a}_2,\boldsymbol{a}_3$ 下的坐标为 $0,1,-1$.

第六节　线性方程组解的结构

一、齐次线性方程组解的结构

关于齐次线性方程组

$$\boldsymbol{Ax}=\mathbf{0} \tag{11}$$

的解，我们已得到如下结论：

(1) n 元齐次线性方程组(11) 有唯一解(零解) 的充分必要条件为 $R(\mathbf{A})=n$；

(2) n 元齐次线性方程组(11) 有非零解的充要条件为 $R(\mathbf{A})<n$；

(3) n 元齐次线性方程组(11)，若 $R(A)=r$，则方程组(11) 有 $n-r$ 个自由元.

下面讨论齐次线性方程组(11) 解的性质.

性质 1　若 $\boldsymbol{x}_1,\boldsymbol{x}_2$ 为齐次线性方程组(11) 的解，则 $\boldsymbol{x}_1+\boldsymbol{x}_2$ 也为(11) 的解.

证明　只要验证 $\boldsymbol{x}_1+\boldsymbol{x}_2$ 满足方程(11)，即

$$\boldsymbol{A}(\boldsymbol{x}_1+\boldsymbol{x}_2)=\boldsymbol{Ax}_1+A\boldsymbol{x}_2=\mathbf{0}+\mathbf{0}=\mathbf{0}$$

性质 2　若 $\boldsymbol{x}_1$ 为齐次线性方程组(11) 的解，则对于任意实数 k，$k\boldsymbol{x}_1$ 也为(11) 的解.

证明
$$\boldsymbol{A}(k\boldsymbol{x}_1)=k(\boldsymbol{Ax}_1)=k\mathbf{0}=\mathbf{0}$$

将方程组(11) 的全体解所组成集合记作 S，如果能求得解集 S 的一个极大无关组 $\boldsymbol{\xi}_1,\boldsymbol{\xi}_2,\cdots,\boldsymbol{\xi}_t$，则方程组(11) 的任一解均可由极大无关组线性表示；另一方面，由上述性质可知，极大无关组的线性组合

$$x = k_1\boldsymbol{\xi}_1 + k_2\boldsymbol{\xi}_2 + \cdots + k_t\boldsymbol{\xi}_t$$

也是(11) 的解，因此上式便是方程(11) 的通解.

齐次线性方程组的解集的极大线性无关组称为该齐次线性方程组的基础解系. 由上面的讨论知，要求齐次线性方程组的通解，只需求出它的基础解系.

那么基础解系中向量的个数有多少呢？由本节开头归纳的第(3) 条"当 $R(\boldsymbol{A})=r$ 时，方程组 $\boldsymbol{Ax}=\boldsymbol{0}$ 有 $n-r$ 个自由元"，利用上节所讲的求向量子空间的基的方法中第一种情形知，这时解空间的基共有 $n-r$ 个解向量，即基础解系中有 $n-r$ 个向量.

定理 12　设 $m\times n$ 矩阵 $\boldsymbol{A}$ 的秩 $R(\boldsymbol{A})=r$，则 n 元齐次线性方程组 $\boldsymbol{Ax}=\boldsymbol{0}$ 的解集 S 的秩为 $n-r$.

下面给出求齐次线性方程组 $\boldsymbol{Ax}=\boldsymbol{0}$ 解的一般步骤：

(1) 把齐次线性方程组的系数写成矩阵 $\boldsymbol{A}$；

(2) 把 $\boldsymbol{A}$ 通过初等行变换化为行阶梯形(行最简形) 矩阵；

(3) 将行阶梯形(行最简形) 矩阵中非零首元取作非自由量，其余取作自由元，共有 $n-r$ 个；

(4) 分别令一个自由元为 1，其余全为 0，求得 $n-r$ 个解向量，这 $n-r$ 个解向量即构成 $\boldsymbol{Ax}=\boldsymbol{0}$ 的基础解系.

例 29　求齐次线性方程组

$$\begin{cases} x_1 + x_2 - x_3 - x_4 = 0 \\ 2x_1 - 5x_2 + 3x_3 + 2x_4 = 0 \\ 7x_1 - 7x_2 + 3x_3 + x_4 = 0 \end{cases}$$

的基础解系与通解.

解

$$\boldsymbol{A} = \begin{bmatrix} 1 & 1 & -1 & -1 \\ 2 & -5 & 3 & 2 \\ 7 & -7 & 3 & 1 \end{bmatrix} \xrightarrow[r_3-7r_1]{r_2-2r_1} \begin{bmatrix} 1 & 1 & -1 & -1 \\ 0 & -7 & 5 & 4 \\ 0 & -14 & 10 & 8 \end{bmatrix}$$

$$\xrightarrow{r_3-2r_2} \begin{bmatrix} 1 & 1 & -1 & -1 \\ 0 & -7 & 5 & 4 \\ 0 & 0 & 0 & 0 \end{bmatrix} \xrightarrow[r_1-r_2]{r_2\div(-7)} \begin{bmatrix} 1 & 0 & -2/7 & -3/7 \\ 0 & 1 & -5/7 & -4/7 \\ 0 & 0 & 0 & 0 \end{bmatrix}$$

对应的方程组 $\begin{cases} x_1 = \dfrac{2}{7}x_3 + \dfrac{3}{7}x_4 \\ x_2 = \dfrac{5}{7}x_3 + \dfrac{4}{7}x_4 \end{cases}$

可知 x_3, x_4 为自由元. 于是 $x_3=1, x_4=0$，得相应的解向量

$$\boldsymbol{\xi}_1 = \left[\frac{2}{7}, \frac{5}{7}, 1, 0\right]^{\mathrm{T}}$$

令 $x_3=0, x_4=1$，得相应的解向量

$$\boldsymbol{\xi}_2 = \left[\frac{3}{7}, \frac{4}{7}, 0, 1\right]^{\mathrm{T}}$$

于是 $\boldsymbol{\xi}_1, \boldsymbol{\xi}_2$ 为方程组的基础解系，其通解为

$$k_1\boldsymbol{\xi}_1 + k_2\boldsymbol{\xi}_2$$

其中 k_1, k_2 为任意常数.

二、非齐次线性方程组的解的结构

关于非齐次线性方程组

$$\boldsymbol{Ax}=\boldsymbol{b} \tag{12}$$

的解,我们已得到如下结论:

(1) n 元非奇次线性方程组(12) 有解的充要条件为 $R(\boldsymbol{A},\boldsymbol{b})=R(\boldsymbol{A})$;

(2) n 元非奇次线性方程组(12) 有唯一解的充要条件是 $R(\boldsymbol{A},\boldsymbol{b})=R(\boldsymbol{A})=n$;

(3) n 元非齐次线性方程组(12) 有无穷多解的充要条件是 $R(\boldsymbol{A},\boldsymbol{b})=R(\boldsymbol{A})=r<n$,此时有 $n-r$ 个自由元.

下面将讨论线性方程组 $\boldsymbol{Ax}=\boldsymbol{b}$ 有无穷多解的情形.

性质 3　设 $\boldsymbol{x}_1,\boldsymbol{x}_2$ 为非齐次线性方程组(12) 的解,则 $\boldsymbol{x}_1-\boldsymbol{x}_2$ 为对应的齐次线性方程组

$$\boldsymbol{Ax}=\boldsymbol{0} \tag{13}$$

的解.

证明
$$\boldsymbol{A}(\boldsymbol{x}_1-\boldsymbol{x}_2)=\boldsymbol{Ax}_1-\boldsymbol{Ax}_2=\boldsymbol{b}-\boldsymbol{b}=\boldsymbol{0}$$

性质 4　设 $\boldsymbol{x}_1$ 为非齐次线性方程组(12) 的解,$\boldsymbol{x}_2$ 为对应的齐次线性方程组(13) 的解,则 $\boldsymbol{x}_1+\boldsymbol{x}_2$ 仍是非齐次线性方程组(12) 的解.

证明
$$\boldsymbol{A}(\boldsymbol{x}_1+\boldsymbol{x}_2)=\boldsymbol{Ax}_1+\boldsymbol{Ax}_2=\boldsymbol{b}+\boldsymbol{0}=\boldsymbol{b}$$

由性质 3 知,若求得方程组(12) 的一个解 $\boldsymbol{\eta}$,则方程组(12) 的任一解总可表示为

$$\boldsymbol{x}=\boldsymbol{\xi}+\boldsymbol{\eta}$$

其中 $\boldsymbol{x}=\boldsymbol{\xi}$ 为方程组(13) 的解;又若方程组(13) 的通解为

$$\boldsymbol{x}=k_1\boldsymbol{\xi}_1+k_2\boldsymbol{\xi}_2+\cdots+k_{n-r}\boldsymbol{\xi}_{n-r}$$

则方程组(12) 的任一解总可表示为

$$\boldsymbol{x}=k_1\boldsymbol{\xi}_1+k_2\boldsymbol{\xi}_2+\cdots+k_{n-r}\boldsymbol{\xi}_{n-r}+\boldsymbol{\eta}$$

而由性质 4 可知,对任何实数 $k_1,k_2,\cdots,k_{n-r}$,上式总是方程组(12) 的解,于是方程组(12) 的通解为

$$\boldsymbol{x}=k_1\boldsymbol{\xi}_1+k_2\boldsymbol{\xi}_2+\cdots+k_{n-r}\boldsymbol{\xi}_{n-r}+\boldsymbol{\eta}$$

其中 $\boldsymbol{\xi}_1,\boldsymbol{\xi}_2,\cdots,\boldsymbol{\xi}_{n-r}$ 是方程组(13) 的基础解系,$k_1,k_2,\cdots,k_{n-r}$ 是任意的实数.

这样,非齐次线性方程组(12) 的解的结构就很清楚了. 将求非齐次线性方程组 $\boldsymbol{Ax}=\boldsymbol{b}$ 通解的步骤归结如下:

(1) 将增广矩阵$(\boldsymbol{A},\boldsymbol{b})$ 通过初等行变换化为行阶梯形(行最简形) 矩阵;

(2) 当 $R(\boldsymbol{A},\boldsymbol{b})=R(\boldsymbol{A})=r$ 时,将非零首元取作非自由量,其余取作自由元,共有 $n-r$ 个;

(3) 令所有自由元为零,求得 $\boldsymbol{Ax}=\boldsymbol{b}$ 的一个特解 $\boldsymbol{\eta}$;

(4) 不计最后一列,分别令一个自由元为 1,其余自由元为零,得到 $\boldsymbol{Ax}=\boldsymbol{0}$ 的基础解系 $\boldsymbol{\xi}_1,\boldsymbol{\xi}_2,\cdots,\boldsymbol{\xi}_{n-r}$;

(5) 写出非齐次线性方程组 $\boldsymbol{Ax}=\boldsymbol{b}$ 的通解

$$\boldsymbol{x}=k_1\boldsymbol{\xi}_1+k_2\boldsymbol{\xi}_2+\cdots+k_{n-r}\boldsymbol{\xi}_{n-r}+\boldsymbol{\eta}$$

其中 $k_1,k_2,\cdots,k_{n-r}$ 为任意常数.

例 30 求下列非齐次线性方程组

$$\begin{cases}x_1+x_2+x_3+x_4+x_5=3\\2x_1+x_2+3x_3+3x_4+4x_5=14\\3x_1+4x_2+x_3-3x_4+2x_5=-11\\x_1-x_2+4x_3+8x_4+4x_5=31\end{cases}$$

的通解.

解

$$(\boldsymbol{A},\boldsymbol{b})=\begin{bmatrix}1&1&1&1&1&3\\2&1&3&3&4&14\\3&4&1&-3&2&-11\\1&-1&4&8&4&31\end{bmatrix}\xrightarrow[r_4-r_1]{\substack{r_2-2r_1\\r_3-3r_1}}\begin{bmatrix}1&1&1&1&1&3\\0&-1&1&1&2&8\\0&1&-2&-6&-1&-20\\0&-2&3&7&3&28\end{bmatrix}$$

$$\xrightarrow[r_4-2r_2]{\substack{r_1+r_2\\r_3+r_2}}\begin{bmatrix}1&0&2&2&3&11\\0&-1&1&1&2&8\\0&0&-1&-5&1&-12\\0&0&1&5&-1&12\end{bmatrix}\xrightarrow[r_2+r_3]{\substack{r_4+r_3\\r_1+2r_3}}\begin{bmatrix}1&0&0&-8&5&-13\\0&-1&0&-4&3&-4\\0&0&-1&-5&1&-12\\0&0&0&0&0&0\end{bmatrix}$$

$$\xrightarrow[r_3\div(-1)]{r_2\div(-1)}\begin{bmatrix}1&0&0&-8&5&-13\\0&1&0&4&-3&4\\0&0&1&5&-1&12\\0&0&0&0&0&0\end{bmatrix}\quad \text{对应的方程组}\begin{cases}x_1=-13+8x_4-5x_5\\x_2=4-4x_4+3x_5\\x_3=12-5x_4+x_5\end{cases}$$

由于 $R(\boldsymbol{A})=R(\boldsymbol{A},\boldsymbol{b})=3<5$,线性方程组有无穷多解,取 x_4,x_5 为自由元. 令 $x_4=x_5=0$,得

$$\boldsymbol{\eta}=(-13,4,12,0,0)^{\mathrm{T}}$$

下面求对应的齐次线性方程组的通解,不计最后一列,得齐次线性方程组

$$\begin{cases}x_1=8x_4-5x_5\\x_2=-4x_4+3x_5\\x_3=-5x_4+x_5\end{cases}$$

令 $x_4=1,x_5=0$,得

$$\boldsymbol{\xi}_1=(8,-4,-5,1,0)^{\mathrm{T}}$$

令 $x_4=0,x_5=1$,得

$$\boldsymbol{\xi}_2=(-5,3,1,0,1)^{\mathrm{T}}$$

于是所求通解为

$$\boldsymbol{x}=k_1\boldsymbol{\xi}_1+k_2\boldsymbol{\xi}_2+\boldsymbol{\eta}$$

其中 k_1,k_2 为任意实数.

例 31 k 为何值时,线性方程组

$$\begin{cases}x_1+x_2+kx_3=4\\-x_1+kx_2+x_3=k^2\\x_1-x_2+2x_3=-4\end{cases}$$

无解? 有唯一解? 有无穷多解? 在有无穷多解时,求出通解并写出其对应的齐次线性方程组的一组基础解系.

解 系数行列式

$$|\boldsymbol{A}|=\begin{vmatrix}1 & 1 & k\\ -1 & k & 1\\ 1 & -1 & 2\end{vmatrix}=(k+1)(4-k)$$

若 $k\neq -1$ 且 $k\neq 4$，方程组有唯一解.

若 $k=-1$，则

$$(\boldsymbol{A},\boldsymbol{b})=\begin{bmatrix}1 & 1 & -1 & 4\\ -1 & -1 & 1 & 1\\ 1 & -1 & 2 & -4\end{bmatrix}\sim\begin{bmatrix}1 & 0 & 1/2 & 0\\ 0 & 1 & -3/2 & 4\\ 0 & 0 & 0 & 5\end{bmatrix}$$

因为 $R(\boldsymbol{A})=2, R(\boldsymbol{A},\boldsymbol{b})=3$，故方程组无解.

若 $k=4$，则

$$(\boldsymbol{A},\boldsymbol{b})=\begin{bmatrix}1 & 1 & 4 & 4\\ -1 & 4 & 1 & 16\\ 1 & -1 & 2 & -4\end{bmatrix}\sim\begin{bmatrix}1 & 0 & 3 & 0\\ 0 & 1 & 1 & 4\\ 0 & 0 & 0 & 0\end{bmatrix}$$

因为 $R(\boldsymbol{A})=R(\boldsymbol{A},\boldsymbol{b})=2<3$，故线性方程组有无穷多解，对应的齐次线性方程组为

$$\begin{cases}x_1=-3x_3\\ x_2=-x_3\end{cases}$$

取 x_3 为自由元，令 $x_3=1$，得

$$\boldsymbol{\xi}=(-3,-1,1)^{\mathrm{T}}$$

为其对应的齐次线性方程组的一组基础解系.

非齐次线性方程组为

$$\begin{cases}x_1+3x_3=0\\ x_2+x_3=4\end{cases}$$

令 $x_3=0$，得

$$\boldsymbol{\eta}=(0,4,0)^{\mathrm{T}}$$

为非齐次线性方程组的一个特解. 故其通解为

$$\boldsymbol{x}=k\boldsymbol{\xi}+\boldsymbol{\eta}$$

其中 k 为任意实数.

三、应用问题

1. 几何问题

例 32　设矩阵 $\begin{bmatrix}a_1 & b_1 & c_1\\ a_2 & b_2 & c_2\\ a_3 & b_3 & c_3\end{bmatrix}$ 满秩，试判断两直线

$$L_1:\frac{x-a_3}{a_1-a_2}=\frac{y-b_3}{b_1-b_2}=\frac{z-c_3}{c_1-c_2}\quad 和 \quad L_2:\frac{x-a_1}{a_2-a_3}=\frac{y-b_1}{b_2-b_3}=\frac{z-c_1}{c_2-c_3}$$

的位置关系.

解　记 $\boldsymbol{\alpha}_i=(a_i,b_i,c_i)$ 为空间三点 $M_i(a_i,b_i,c_i)$ $(i=1,2,3)$ 所对应的向量，则向量

$$\boldsymbol{\alpha}_1-\boldsymbol{\alpha}_2=(a_1,b_1,c_1)-(a_2,b_2,c_2)=(a_1-a_2,b_1-b_2,c_1-c_2)$$

$$\boldsymbol{\alpha}_2-\boldsymbol{\alpha}_3=(a_2,b_2,c_2)-(a_3,b_3,c_3)=(a_2-a_3,b_2-b_3,c_2-c_3)$$

分别为直线 L_1,L_2 的方向向量.而

$$\boldsymbol{\alpha}_1-\boldsymbol{\alpha}_3=(a_1,b_1,c_1)-(a_3,b_3,c_3)=(a_1-a_3,b_1-b_3,c_1-c_3)$$

为连接直线 L_1,L_2 上两已知点 $M_3(a_3,b_3,c_3)$,$M_1(a_1,b_1,c_1)$ 的向量.

由空间解析几何关于三向量混合积的几何意义知,直线 L_1,L_2 共面的充要条件是三向量 $\boldsymbol{\alpha}_1-\boldsymbol{\alpha}_2,\boldsymbol{\alpha}_2-\boldsymbol{\alpha}_3,\boldsymbol{\alpha}_1-\boldsymbol{\alpha}_3$ 共面(线性相关).

因为

$$(\boldsymbol{\alpha}_1-\boldsymbol{\alpha}_2)+(\boldsymbol{\alpha}_2-\boldsymbol{\alpha}_3)+(\boldsymbol{\alpha}_3-\boldsymbol{\alpha}_1)=\mathbf{0}$$

故三向量 $\boldsymbol{\alpha}_1-\boldsymbol{\alpha}_2,\boldsymbol{\alpha}_2-\boldsymbol{\alpha}_3,\boldsymbol{\alpha}_3-\boldsymbol{\alpha}_1$ 线性相关(共面),于是直线 L_1,L_2 共面.

令

$$k_1(\boldsymbol{\alpha}_1-\boldsymbol{\alpha}_2)+k_2(\boldsymbol{\alpha}_2-\boldsymbol{\alpha}_3)=\mathbf{0}$$

即

$$k_1\boldsymbol{\alpha}_1+(k_2-k_1)\boldsymbol{\alpha}_2-k_2\boldsymbol{\alpha}_3=\mathbf{0}$$

由题设矩阵 $\begin{bmatrix}a_1 & b_1 & c_1\\ a_2 & b_2 & c_2\\ a_3 & b_3 & c_3\end{bmatrix}=\begin{bmatrix}\boldsymbol{\alpha}_1\\ \boldsymbol{\alpha}_2\\ \boldsymbol{\alpha}_3\end{bmatrix}$ 满秩,即 $\boldsymbol{\alpha}_1,\boldsymbol{\alpha}_2,\boldsymbol{\alpha}_3$ 线性无关,故 $k_1=k_2=0$,故 $\boldsymbol{\alpha}_1-\boldsymbol{\alpha}_2$ 与 $\boldsymbol{\alpha}_2-\boldsymbol{\alpha}_3$ 线性无关,即两向量不平行.由此可知,直线 L_1 与 L_2 相交.

2. 调味品配制问题

例 33 某调料有限公司用 7 种成份来制造多种调味品,表 3-1 列出了 6 种调味制品 A, B,C,D,E,F 每包所需各成份的量(以盎司为单位).

表 3-1

成份 \ 调味品	A	B	C	D	E	F
红辣椒	3	1.5	4.5	7.5	9	4.5
姜黄	2	4	0	8	1	6
胡椒	1	2	0	4	2	3
欧莳萝	1	2	0	4	1	3
大蒜粉	0.5	1	0	2	2	1.5
盐	0.5	1	0	2	2	1.5
丁香油	0.25	0.5	0	2	1	0.75

试考虑如下问题:

(1) 一个顾客为避免购买全部 6 种调味制品,他可以只购买其中的一部分,并用它配制出其余几种调味制品,为能配制出其余几种调味制品,这位顾客必须购买的最少的调味品的种类是多少?写出所需最少的调味品的集合.

(2) 问题(1) 中的最少的调味品的集合是否唯一?你能否找到另一个最少调味品的集合?

(3) 利用你在(2) 中找到的最少调味品的集合,按下列成份配制一种新的调味品:

红辣椒	18
姜黄	18
胡椒	9

欧莳萝	9
大蒜粉	0.5
盐	4.5
丁香油	3.25

写下每种调味品所要的包数.

(4) 6 种调味品每包的价格如下(人民币:元):

A	B	C	D	E	F
2.30	1.15	1.00	3.20	2.50	3.00

利用(1),(2) 中找到的最少调味品集合,计算(3) 中配制的新调味品价格.

(5) 另一个顾客希望按下列成份配制一种新的调味品:

红辣椒	12
姜黄	14
胡椒	7
欧莳萝	7
大蒜粉	35
盐	35
丁香油	175

他要购买的最少调味品的集合是什么?

解　分别记 6 种调味品各自的成份列向量为 $\boldsymbol{\alpha}_1,\boldsymbol{\alpha}_2,\boldsymbol{\alpha}_3,\boldsymbol{\alpha}_4,\boldsymbol{\alpha}_5,\boldsymbol{\alpha}_6$.

(1) 依题意,顾客必须购买的最少的调味品的集合实际就是 $\boldsymbol{\alpha}_1,\boldsymbol{\alpha}_2,\boldsymbol{\alpha}_3,\boldsymbol{\alpha}_4,\boldsymbol{\alpha}_5,\boldsymbol{\alpha}_6$ 的一个最大线性无关组.

记 $\boldsymbol{M}=[\boldsymbol{\alpha}_1\ \ \boldsymbol{\alpha}_2\ \ \boldsymbol{\alpha}_3\ \ \boldsymbol{\alpha}_4\ \ \boldsymbol{\alpha}_5\ \ \boldsymbol{\alpha}_6]$,考虑通过对 $\boldsymbol{M}$ 作初等变换,求其最大线性无关组有

$$\boldsymbol{M}=\begin{bmatrix} 3 & 1.5 & 4.5 & 7.5 & 9 & 4.5 \\ 2 & 4 & 0 & 8 & 1 & 6 \\ 1 & 2 & 0 & 4 & 2 & 3 \\ 1 & 2 & 0 & 4 & 1 & 3 \\ 0.5 & 1 & 0 & 2 & 2 & 1.5 \\ 0.5 & 1 & 0 & 2 & 2 & 1.5 \\ 0.25 & 0.5 & 0 & 2 & 1 & 0.75 \end{bmatrix} \sim \begin{bmatrix} 1 & 0 & 2 & 0 & 0 & 1 \\ 0 & 1 & -1 & 0 & 0 & 1 \\ 0 & 0 & 0 & 1 & 0 & 0 \\ 0 & 0 & 0 & 0 & 1 & 0 \\ 0 & 0 & 0 & 0 & 0 & 0 \\ 0 & 0 & 0 & 0 & 0 & 0 \\ 0 & 0 & 0 & 0 & 0 & 0 \end{bmatrix}$$

由此容易看出,$\boldsymbol{M}=[\boldsymbol{\alpha}_1\ \ \boldsymbol{\alpha}_2\ \ \boldsymbol{\alpha}_3\ \ \boldsymbol{\alpha}_4\ \ \boldsymbol{\alpha}_5\ \ \boldsymbol{\alpha}_6]$ 的秩为 4,其最大线性无关组共有六个,　即 $\boldsymbol{\alpha}_1,\boldsymbol{\alpha}_2,\boldsymbol{\alpha}_4,\boldsymbol{\alpha}_5$;$\boldsymbol{\alpha}_2,\boldsymbol{\alpha}_3,\boldsymbol{\alpha}_4,\boldsymbol{\alpha}_5$;$\boldsymbol{\alpha}_1,\boldsymbol{\alpha}_3,\boldsymbol{\alpha}_4,\boldsymbol{\alpha}_5$;$\boldsymbol{\alpha}_1,\boldsymbol{\alpha}_6,\boldsymbol{\alpha}_4,\boldsymbol{\alpha}_5$;$\boldsymbol{\alpha}_2,\boldsymbol{\alpha}_6,\boldsymbol{\alpha}_4,\boldsymbol{\alpha}_5$;$\boldsymbol{\alpha}_3,\boldsymbol{\alpha}_6,\boldsymbol{\alpha}_4,\boldsymbol{\alpha}_5$.

由问题的实际意义,只有当 $\boldsymbol{M}=[\boldsymbol{\alpha}_1\ \ \boldsymbol{\alpha}_2\ \ \boldsymbol{\alpha}_3\ \ \boldsymbol{\alpha}_4\ \ \boldsymbol{\alpha}_5\ \ \boldsymbol{\alpha}_6]$ 的各向量由其最大性无关组表示时各系数均为非负才切实可行.

取 $\boldsymbol{\alpha}_2,\boldsymbol{\alpha}_3,\boldsymbol{\alpha}_4,\boldsymbol{\alpha}_5$ 为其表出最大线性无关组时,有

$$\boldsymbol{\alpha}_1=\frac{1}{2}\boldsymbol{\alpha}_2+\frac{1}{2}\boldsymbol{\alpha}_3+0\boldsymbol{\alpha}_4+0\boldsymbol{\alpha}_5,\quad \boldsymbol{\alpha}_6=\frac{3}{2}\boldsymbol{\alpha}_2+\frac{1}{2}\boldsymbol{\alpha}_3+0\boldsymbol{\alpha}_4+0\boldsymbol{\alpha}_5$$

故用可 B,C,D,E 四种调味品作为最小调味品的集合.

(2) 从(1) 的分析结果可以看出，$\boldsymbol{\alpha}_4,\boldsymbol{\alpha}_5$ 在最大线性无关组中的地位不可替代，为找另外的最大线性无关组，其余两向量只能从 $\boldsymbol{\alpha}_1,\boldsymbol{\alpha}_2,\boldsymbol{\alpha}_3,\boldsymbol{\alpha}_6$ 中选取.

从 $\boldsymbol{\alpha}_1,\boldsymbol{\alpha}_6$ 用 $\boldsymbol{\alpha}_2,\boldsymbol{\alpha}_3,\boldsymbol{\alpha}_4,\boldsymbol{\alpha}_5$ 的表出形式可以看出，任何移项动作都会使相应的系数变为负数，从而使结果失去实际意义，故(1) 中的最小调味品集合是唯一的.

(3) 记 $\boldsymbol{\beta}=(18,18,9,9,4.5,4.5,3.25)^{\mathrm{T}}$，则问题转化为向量 $\boldsymbol{\beta}$ 可否由向量组 $\boldsymbol{\alpha}_2,\boldsymbol{\alpha}_3,\boldsymbol{\alpha}_4,\boldsymbol{\alpha}_5$ 线性表出. 为此考虑对向量组 $\boldsymbol{\alpha}_2,\boldsymbol{\alpha}_3,\boldsymbol{\alpha}_4,\boldsymbol{\alpha}_5,\boldsymbol{\beta}$ 作线性变换，有

$$[\boldsymbol{\alpha}_2\quad \boldsymbol{\alpha}_3\quad \boldsymbol{\alpha}_4\quad \boldsymbol{\alpha}_5\quad \boldsymbol{\beta}]=\begin{bmatrix}1.5&4.5&7.5&9&18\\4&0&8&1&18\\2&0&4&2&9\\2&0&4&1&9\\1&0&2&2&4.5\\1&0&2&2&4.5\\0.5&0&2&1&3.25\end{bmatrix}\sim\begin{bmatrix}1&0&0&0&2.5\\0&1&0&0&1.5\\0&0&1&0&1\\0&0&0&1&0\\0&0&0&0&0\\0&0&0&0&0\\0&0&0&0&0\end{bmatrix}$$

由此求得 $\boldsymbol{\beta}=2.5\boldsymbol{\alpha}_2+1.5\boldsymbol{\alpha}_3+\boldsymbol{\alpha}_4$，即该新的调味品可由 2.5 包 B、1.5 包 C 加 1 包 D 配制而成.

(4) 依题意可知，(3) 中的新的调味品一包的价格为

$$1.15\times2.5+1.00\times1.5+3.20\times1=7.575(\text{元})$$

(5) 记 $\boldsymbol{\gamma}=(12,14,7,7,35,35,175)^{\mathrm{T}}$，则问题转化为向量 $\boldsymbol{\gamma}$ 可否用向量组 $\boldsymbol{\alpha}_2,\boldsymbol{\alpha}_3,\boldsymbol{\alpha}_4,\boldsymbol{\alpha}_5$ 线性表出的问题. 考虑对向量组 $\boldsymbol{\alpha}_2,\boldsymbol{\alpha}_3,\boldsymbol{\alpha}_4,\boldsymbol{\alpha}_5,\boldsymbol{\gamma}$ 作线性变换，有

$$[\boldsymbol{\alpha}_2\quad \boldsymbol{\alpha}_3\quad \boldsymbol{\alpha}_4\quad \boldsymbol{\alpha}_5\quad \boldsymbol{\gamma}]=\begin{bmatrix}1.5&4.5&7.5&9&12\\4&0&8&1&14\\2&0&4&2&7\\2&0&4&1&7\\1&0&2&2&35\\1&0&2&2&35\\0.5&0&2&1&175\end{bmatrix}\sim\begin{bmatrix}1&0&0&0&-280\\0&1&0&0&-\frac{333}{2}\\0&0&1&0&\frac{315}{2}\\0&0&0&1&0\\0&0&0&0&1\\0&0&0&0&0\\0&0&0&0&0\end{bmatrix}$$

由此可知，向量 $\boldsymbol{\gamma}$ 不能用向量组 $\boldsymbol{\alpha}_2,\boldsymbol{\alpha}_3,\boldsymbol{\alpha}_4,\boldsymbol{\alpha}_5$ 线性表出，即该顾客希望的这种调味品不能由(1) 中的最小调味品集合来配制. 由于具有实际意义的最小调味品集合是唯一的，故此种调味品找不到最小调味品集合. 该顾客若确实需要配制这种调味制品，就必需购买所有六种调味品.

3. 化学方程式的平衡问题

例 34 在光合作用过程中，植物能利用太阳光将二氧化碳(CO_2)和(H_2O)转化为葡萄糖($C_6H_{12}O_6$)和氧(O_2)，该反应的化学方程式具有如下形式：

$$x_1CO_2+x_2H_2O\longrightarrow x_3O_2+x_4C_6H_{12}O_6$$

解 为使反应式平衡，必需选择适当的 x_1,x_2,x_3,x_4 才能使反应式两端的碳(C) 原子、氢原子(H) 及氧原子(O) 数目对应相等.

由于 CO_2 含一个 C 原子，$C_6H_{12}O_6$ 含 6 个 C 原子，故为维持平衡必须有 $x_1=6x_4$. 类似地，为维持 O 原子平衡必须有

$$2x_1+x_2=2x_3+6x_4$$

为维持 H 原子平衡必须有

$$2x_2=12x_4$$

由此可得齐次线性方程组

$$\begin{cases}x_1-6x_4=0\\2x_1+x_2-2x_3-6x_4=0\\2x_2-12x_4=0\end{cases}$$

由于该齐次线性方程组的系数矩阵 $\mathbf{A}_{3\times4}$ 的秩 $R(\mathbf{A})<4$，故方程组有非零解. 为使化学反应式两端平衡，必须找出方程组的一组非负解.

按习惯取法，取 x_4 作为自由向量，则有

$$\begin{cases}x_1=6x_4\\x_2=6x_4\\x_3=6x_4\end{cases}$$

特别地，取 $x_4=1$ 时，$x_1=x_2=x_3=6$，此时化学反应式为

$$6CO_2+6H_2O\longrightarrow 6O_2+C_6H_{12}O_6$$

4. 交通流量问题

例 35　下图是某地区的交通网络图，所有道路都是单行道，且道上不能停车，通行方向用箭头标明，标示的数字为高峰期每小时进出网络的车辆. 此交通网络圈需满足如下两个平衡条件：第一，进入网络的车共有 800 辆，等于离开网络的车辆；第二，每个交叉点的车辆数等于离开交叉点的车辆数.

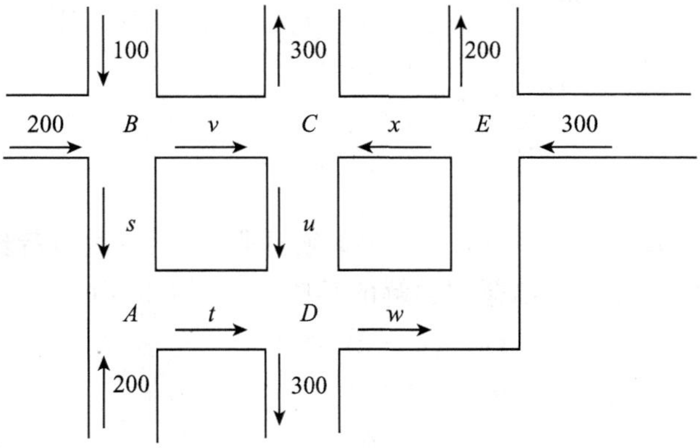

若引入每小时通过各交通干道的车辆数 s,t,u,v,w 和 x（例如 s 就是小时通过干道 BA 的车辆数），则从交通流量平衡条件建立的线性方程组，试考虑在上述条件下由此交通流量图能得到些什么结论.

解　由于每个道路交叉点都要求流量平衡，因而可据此建立一个流量平衡方程. 例如，对于 A 点，从图上看，进入 A 点的车辆数为 $200+s$，而离开 A 点的车辆数为 t. 于是对 A 点有

$$200+s=t$$

对 B 点有

$$200+100=s+v$$

对 C 点有

$$v+x=300+u$$

对 D 点有

$$u+t=300+w$$

对 E 点有

$$300+w=200+x$$

于是得到一个描述网络交通流量的线性方程组

$$\begin{cases} s-t=-200 \\ s+v=300 \\ -u+v+x=300 \\ t+u-w=300 \\ -w+x=100 \end{cases}$$

由于该非齐次线性方程组的系数矩阵 $\mathbf{A}_{5\times6}$ 的秩 $R(\mathbf{A})<6$,故方程组有无穷多组解.

若选取 v,x 作为自由变量,则有

$$\begin{cases} s=300-v \\ t=500-v \\ u=-300+v+x \\ w=-100+x \end{cases}$$

事实上,这就是方程组的解.为符合习惯,也可将方程组的解写成

$$\begin{bmatrix} 300-k_1 \\ 500-k_1 \\ -300+k_1+k_2 \\ k_1 \\ -100+k_2 \\ k_2 \end{bmatrix}, \qquad k_1,k_2\text{ 可取任意实数}$$

结果分析:

由于通过各路段的车辆数 s,t,u,v,w,x 必须是非负整数,故方程组的解未必是原问题的解,但由方程组的解却可推断出原问题解的某些性质.例如,由

$$\begin{cases} s=300-k_1\geqslant 0 \\ u=-300+k_1+k_2\geqslant 0 \\ v=k_1\geqslant 0 \\ w=-100+k_2\geqslant 0 \\ x=k_2\geqslant 0 \end{cases}$$

可知,方程组的解中能作为原问题的解需满足条件 $k_1\leqslant 300$,$k_2\geqslant 100$,$k_1+k_2\geqslant 300$.由此可获得交通管理的有用信息:若每小时通过 EC 段的车辆太少(不超过 100 辆),或每小时通过 BC 及 EC 段的车辆总数不超过 300 辆,则交通平衡将破坏,在这一路段将可能出现堵车现象.

5. 分配问题

为理解齐性线性方程组的基础解系在实际问题中的意义,考虑如下的问题.

一个木工、一个电工、一个粉饰工相互合作彼此装修他们的房子,商定同意按如表 3-2 所示方案工作 10 天:

表 3 - 2

	各人需完成的工作日		
	木工	电工	粉饰工
木工家的工作日	2	1	6
电工家的工作日	4	5	1
粉饰工家的工作日	4	4	3

关于工资，他们提出必需负担一个合情合理的工资数，甚至在自己家里工作时也一样计算工资. 一般市场上的日工资数在 60 到 80 元之间，但他们经协商同意调整各自的日工资数，使得每个人的收支相抵，即每个人的总收入与总支出相等.

设：p_1 表示木工的日工资数，p_2 表示电工的日工资数，p_3 表示粉饰工的日工资数.

为使每个人的收支相抵，要求每个人在 10 天这个周期内的收支满足：总收入 = 总支出.

例如，对木工而言，在修理他的房子时，总共要付出的费用为 $2p_1+p_2+6p_3$，而他在 10 天内完成三家的装修工作的总收入为 $10p_1$，因此，为使木工的收支相抵应有关系式

$$2p_1+p_2+6p_3=10p_1$$

对电工和粉饰工应有同样考虑. 于是这三人的收支平衡方程组为

$$\begin{cases}2p_1+p_2+6p_3=10p_1\\4p_1+5p_2+p_3=10p_2\\4p_1+4p_2+3p_3=10p_3\end{cases}\Leftrightarrow\begin{cases}8p_1-p_2-6p_3=0\\-4p_1+5p_2-p_3=0\\-4p_1-4p_2+7p_3=0\end{cases}$$

由于 $\begin{vmatrix}8&-1&-6\\-4&5&-1\\-4&-4&7\end{vmatrix}=\begin{vmatrix}0&9&-8\\-4&5&-1\\0&-9&8\end{vmatrix}=0$，故此齐次线性方程组有非零解. 于是，此收支平衡问题归结为求此齐线性方程组的非零解.

将方程组写成矩阵形式有

$$\begin{bmatrix}8&-1&-6\\-4&5&-1\\-4&-4&7\end{bmatrix}\sim\begin{bmatrix}0&-9&8\\-4&5&-1\\0&-9&8\end{bmatrix}\sim\begin{bmatrix}4&-5&1\\0&9&-8\\0&0&0\end{bmatrix}$$

$$\sim\begin{bmatrix}4&0&-\frac{31}{9}\\0&1&-\frac{8}{9}\\0&0&0\end{bmatrix}\sim\begin{bmatrix}1&0&-\frac{31}{36}\\0&1&-\frac{8}{9}\\0&0&0\end{bmatrix}$$

于是可取 p_3 为自由元. 令 $p_3=36$，得相应解向量 $\boldsymbol{\xi}_1=(31,32,36)^{\mathrm{T}}$，从而求得方程组的基础解系为

$$\boldsymbol{p}=\begin{bmatrix}p_1\\p_2\\p_3\end{bmatrix}=k\boldsymbol{\xi}_1=k\begin{bmatrix}31\\32\\36\end{bmatrix}$$

此齐次线性方程组的解向量及基础解系的实际意义为：解向量 $\boldsymbol{\xi}_1=(31,32,36)^{\mathrm{T}}$ 反映

了木工、电工和粉饰工的日工资数的比例关系，而不是三人日工资数的具体值；基础解系则反映了木工、电工和粉饰工日工资数的具体值的大小，其中任意常数 k 可理解为和市场相关的常数，它是可随行就市地取定.

习 题 三

1. 求解下列线性方程组，并判定线性方程组的相容性以及相容时解的个数.

(1) $\begin{bmatrix}2 & 1 & 1\\1 & 3 & 1\\1 & 1 & 5\\2 & 3 & -3\end{bmatrix}\begin{bmatrix}x_1\\x_2\\x_3\end{bmatrix}=\begin{bmatrix}2\\5\\-7\\14\end{bmatrix}$；　　(2) $\begin{cases}x_1-x_2+3x_3-x_4=1\\2x_1-x_2+x_3+4x_4=2.\\-4x_3+5x_4=-2\end{cases}$

2. λ 取何值时，非齐次线性方程组

$$\begin{cases}\lambda x_1+x_2+x_3=1\\x_1+\lambda x_2+x_3=\lambda\\x_1+x_2+\lambda x_3=\lambda^2\end{cases}$$

有唯一解？无解？无穷多解？

3. 设

$$\begin{cases}(2-\lambda)x_1+2x_2-2x_3=1\\2x_1+(5-\lambda)x_2-4x_3=2\\-2x_1-4x_2+(5-\lambda)x_3=-\lambda-1\end{cases}$$

问 λ 为何值时，此方程组有唯一解？无解？无穷多解？并在有无穷多解时求其通解.

4. 试把 $\boldsymbol{\beta}=(1,2,1,1)^{\mathrm{T}}$ 表示成 $\boldsymbol{\alpha}_1=(1,1,1,1)^{\mathrm{T}},\boldsymbol{\alpha}_2=(1,1,-1,-1)^{\mathrm{T}},\boldsymbol{\alpha}_3=(1,-1,1,-1)^{\mathrm{T}},\boldsymbol{\alpha}_4=(1,-1,-1,1)^{\mathrm{T}}$ 的线性组合.

5. 已知 $\boldsymbol{\alpha}_1=(1,0,2,3)^{\mathrm{T}},\boldsymbol{\alpha}_2=(1,1,3,5)^{\mathrm{T}},\boldsymbol{\alpha}_3=(1,-1,a+2,1)^{\mathrm{T}},\boldsymbol{\alpha}_4=(1,2,4,a+8)^{\mathrm{T}}$，及 $\boldsymbol{\beta}=(1,1,b+3,5)^{\mathrm{T}}$.

(1) a,b 为何值时，$\boldsymbol{\beta}$ 不能表示成 $\boldsymbol{\alpha}_1,\boldsymbol{\alpha}_2,\boldsymbol{\alpha}_3,\boldsymbol{\alpha}_4$ 的线性组合？

(2) a,b 为何值时，$\boldsymbol{\beta}$ 可以唯一地表示成 $\boldsymbol{\alpha}_1,\boldsymbol{\alpha}_2,\boldsymbol{\alpha}_3,\boldsymbol{\alpha}_4$ 的线性组合？并写出该表示式.

6. 设 $\boldsymbol{v}_1=(1,1,0)^{\mathrm{T}},\boldsymbol{v}_2=(0,1,1)^{\mathrm{T}},\boldsymbol{v}_3=(3,4,0)^{\mathrm{T}}$，求 $\boldsymbol{v}_1-\boldsymbol{v}_2$ 及 $3\boldsymbol{v}_1+2\boldsymbol{v}_2-\boldsymbol{v}_3$.

7. 设 $3(\boldsymbol{\alpha}_1-\boldsymbol{\alpha})+2(\boldsymbol{\alpha}_2+\boldsymbol{\alpha})=5(\boldsymbol{\alpha}_3+\boldsymbol{\alpha})$，其中

$$\boldsymbol{\alpha}_1=(2,5,1,3)^{\mathrm{T}},\quad \boldsymbol{\alpha}_2=(10,1,5,10)^{\mathrm{T}},\quad \boldsymbol{\alpha}_3=(4,1,-1,1)^{\mathrm{T}}$$

求 $\boldsymbol{\alpha}$.

8. 问 a 取何值时，下列向量组

$$\boldsymbol{\alpha}_1=\begin{bmatrix}a\\1\\1\end{bmatrix},\quad \boldsymbol{\alpha}_2=\begin{bmatrix}1\\a\\-1\end{bmatrix},\quad \boldsymbol{\alpha}_3=\begin{bmatrix}1\\-1\\a\end{bmatrix}$$

线性相关？

9. 设 $\boldsymbol{b}_1=\boldsymbol{a}_1,\boldsymbol{b}_2=\boldsymbol{a}_1+\boldsymbol{a}_2,\cdots,\boldsymbol{b}_r=\boldsymbol{a}_1+\boldsymbol{a}_2+\cdots+\boldsymbol{a}_r$，且向量组 $\boldsymbol{a}_1,\boldsymbol{a}_2,\cdots,\boldsymbol{a}_r$ 线性无关，证明向量组 $\boldsymbol{b}_1,\boldsymbol{b}_2,\cdots,\boldsymbol{b}_r$ 线性无关.

10. 设 $\boldsymbol{a}_1,\boldsymbol{a}_2,\cdots,\boldsymbol{a}_n$ 是一组 n 维向量，证明它们线性无关的充分必要条件是任一 n 维向

量都可由它们线性表示.

11. 设向量组 $\boldsymbol{a}_1,\boldsymbol{a}_2,\cdots,\boldsymbol{a}_m$ 线性相关,且 $\boldsymbol{a}_1\neq\mathbf{0}$,证明存在某个向量 $\boldsymbol{a}_k(2\leqslant k\leqslant m)$,使 $\boldsymbol{a}_k$ 能由 $\boldsymbol{a}_1,\boldsymbol{a}_2,\cdots,\boldsymbol{a}_{k-1}$ 线性表示.

12. 设 $\boldsymbol{a}_1,\boldsymbol{a}_2,\cdots,\boldsymbol{a}_m$ 线性无关,且 $\boldsymbol{b}_1$ 可由 $\boldsymbol{a}_1,\boldsymbol{a}_2,\cdots,\boldsymbol{a}_m$ 线性表示,而 $\boldsymbol{b}_2$ 不能由 $\boldsymbol{a}_1,\boldsymbol{a}_2,\cdots,\boldsymbol{a}_m$ 线性表示,试证 $\boldsymbol{a}_1,\boldsymbol{a}_2,\cdots,\boldsymbol{a}_m,t\boldsymbol{b}_1+\boldsymbol{b}_2$ 线性无关,其中 t 是任意常数.

13. 举例说明下列命题是错误的.

(1) 若向组量 $\boldsymbol{\alpha}_1,\boldsymbol{\alpha}_2,\cdots,\boldsymbol{\alpha}_m$ 是线性相关的,则 $\boldsymbol{\alpha}_m$ 可由 $\boldsymbol{\alpha}_1,\boldsymbol{\alpha}_2,\cdots,\boldsymbol{\alpha}_{m-1}$ 线性表出.

(2) 若有不全为零的数 $\lambda_1,\lambda_2,\cdots,\lambda_m$,使得

$$\lambda_1\boldsymbol{\alpha}_1+\lambda_2\boldsymbol{\alpha}_2+\cdots+\lambda_m\boldsymbol{\alpha}_m+\lambda_1\boldsymbol{\beta}_1+\lambda_2\boldsymbol{\beta}_2+\cdots+\lambda_m\boldsymbol{\beta}_m=\mathbf{0}$$

成立,则 $\boldsymbol{\alpha}_1,\boldsymbol{\alpha}_2,\cdots,\boldsymbol{\alpha}_m$ 线性相关,$\boldsymbol{\beta}_1,\boldsymbol{\beta}_2,\cdots,\boldsymbol{\beta}_m$ 线性相关.

(3) 若只有当 $\lambda_1,\lambda_2,\cdots,\lambda_m$ 全为零时,等式

$$\lambda_1\boldsymbol{\alpha}_1+\lambda_2\boldsymbol{\alpha}_2+\cdots+\lambda_m\boldsymbol{\alpha}_m+\lambda_1\boldsymbol{\beta}_1+\lambda_2\boldsymbol{\beta}_2+\cdots+\lambda_m\boldsymbol{\beta}_m=\mathbf{0}$$

才能成立,则 $\boldsymbol{\alpha}_1,\boldsymbol{\alpha}_2,\cdots,\boldsymbol{\alpha}_m$ 线性无关,$\boldsymbol{\beta}_1,\boldsymbol{\beta}_2,\cdots,\boldsymbol{\beta}_m$ 线性无关.

(4) 若 $\boldsymbol{\alpha}_1,\boldsymbol{\alpha}_2,\cdots,\boldsymbol{\alpha}_m$ 线性相关,$\boldsymbol{\beta}_1,\boldsymbol{\beta}_2,\cdots,\boldsymbol{\beta}_m$ 线性也相关,则有不全为零的数 $\lambda_1,\lambda_2,\cdots,\lambda_m$,使得

$$\lambda_1\boldsymbol{\alpha}_1+\lambda_2\boldsymbol{\alpha}_2+\cdots+\lambda_m\boldsymbol{\alpha}_m=\mathbf{0},\quad \lambda_1\boldsymbol{\beta}_1+\lambda_2\boldsymbol{\beta}_2+\cdots+\lambda_m\boldsymbol{\beta}_m=\mathbf{0}$$

同时成立.

14. 设 $\boldsymbol{\beta}_1=\boldsymbol{\alpha}_1+\boldsymbol{\alpha}_2,\boldsymbol{\beta}_2=\boldsymbol{\alpha}_2+\boldsymbol{\alpha}_3,\boldsymbol{\beta}_3=\boldsymbol{\alpha}_3+\boldsymbol{\alpha}_4,\boldsymbol{\beta}_4=\boldsymbol{\alpha}_4+\boldsymbol{\alpha}_1$,证明:向组量 $\boldsymbol{\beta}_1,\boldsymbol{\beta}_2,\boldsymbol{\beta}_3,\boldsymbol{\beta}_4$ 线性相关.

15. 求下列向量组的秩及其一个极大线性无关组,并将其余向量用极大无关组线性表示:

(1) $\boldsymbol{\alpha}_1=\begin{bmatrix}1\\-1\\2\\4\end{bmatrix},\boldsymbol{\alpha}_2=\begin{bmatrix}0\\3\\1\\2\end{bmatrix},\boldsymbol{\alpha}_3=\begin{bmatrix}3\\0\\7\\14\end{bmatrix},\boldsymbol{\alpha}_4=\begin{bmatrix}1\\-1\\2\\0\end{bmatrix}$;

(2) $\boldsymbol{\alpha}_1=\begin{bmatrix}1\\1\\1\end{bmatrix},\boldsymbol{\alpha}_2=\begin{bmatrix}1\\1\\0\end{bmatrix},\boldsymbol{\alpha}_3=\begin{bmatrix}1\\0\\0\end{bmatrix},\boldsymbol{\alpha}_4=\begin{bmatrix}1\\-2\\-3\end{bmatrix}$.

16. 设

$$\begin{cases}\boldsymbol{\beta}_1=\boldsymbol{\alpha}_2+\boldsymbol{\alpha}_3+\cdots+\boldsymbol{\alpha}_n\\ \boldsymbol{\beta}_2=\boldsymbol{\alpha}_1+\boldsymbol{\alpha}_3+\cdots+\boldsymbol{\alpha}_n\\ \qquad\qquad\vdots\\ \boldsymbol{\beta}_n=\boldsymbol{\alpha}_1+\boldsymbol{\alpha}_2+\cdots+\boldsymbol{\alpha}_{n-1}\end{cases}$$

证明向量组 $\boldsymbol{\alpha}_1,\boldsymbol{\alpha}_2,\cdots,\boldsymbol{\alpha}_n$ 的秩与向量组 $\boldsymbol{\beta}_1,\boldsymbol{\beta}_2,\cdots\boldsymbol{\beta}_n$ 的秩相等.

17. 求下列向量组的秩,并求一个最大线性无关组:

(1) $\boldsymbol{\alpha}_1=(1,2,-1,4)^{\mathrm{T}},\boldsymbol{\alpha}_2=(0,100,10,4)^{\mathrm{T}},\boldsymbol{\alpha}_3=(-2,-4,2,-8)^{\mathrm{T}}$;

(2) $\boldsymbol{\alpha}_1=(1,1,0)^{\mathrm{T}},\boldsymbol{\alpha}_2=(0,2,0)^{\mathrm{T}},\boldsymbol{\alpha}_3=(0,0,3)^{\mathrm{T}}$;

(3) $\boldsymbol{\alpha}_1=(1,2,1,3)^{\mathrm{T}},\boldsymbol{\alpha}_2=(4,-1,-5,-6)^{\mathrm{T}},\boldsymbol{\alpha}_3=(1,-3,-4,-7)^{\mathrm{T}}$.

18. 设向量组 A 与向量组 B 的秩相等,且向量组 A 能由向量组 B 线性表出,证明向量组

A 与向量组 B 等价.

19. 设向量组 $A:\boldsymbol{\alpha}_1,\boldsymbol{\alpha}_2,\cdots,\boldsymbol{\alpha}_s$ 的秩为 r_1，向量组 $B:\boldsymbol{\beta}_1,\boldsymbol{\beta}_2,\cdots,\boldsymbol{\beta}_t$ 的秩为 r_2，向量组 C：$\boldsymbol{\alpha}_1,\boldsymbol{\alpha}_2,\cdots,\boldsymbol{\alpha}_s,\boldsymbol{\beta}_1,\boldsymbol{\beta}_2,\cdots,\boldsymbol{\beta}_t$ 的秩为 r_3，证明：$\max\{r_1,r_2\}\leqslant r_3\leqslant r_1+r_2$.

20. 设

$$V_1=\{\boldsymbol{X}=(x_1,x_2,\cdots,x_n)\mid x_1,x_2,\cdots,x_n\in\mathbf{R},x_1+x_2+\cdots+x_n=0\}$$

$$V_2=\{\boldsymbol{X}=(x_1,x_2,\cdots,x_n)\mid x_1,x_2,\cdots,x_n\in\mathbf{R},x_1+x_2+\cdots+x_n=1\}$$

问：V_1,V_2 是不是向量空间？为什么？

21. 试证：由 $\boldsymbol{\alpha}_1=(0,1,1)^{\mathrm{T}},\boldsymbol{\alpha}_2=(1,0,1)^{\mathrm{T}},\boldsymbol{\alpha}_3=(1,1,0)^{\mathrm{T}}$ 所生成的向量空间就是 $\mathbf{R}^3$.

22. 由 $\boldsymbol{\alpha}_1=(1,1,0,0)^{\mathrm{T}},\boldsymbol{\alpha}_2=(0,1,1,1)^{\mathrm{T}}$ 所生成的向量空间记作 $\boldsymbol{V}_1$，由 $\boldsymbol{\beta}_1=(-4,-1,3,3)^{\mathrm{T}},\boldsymbol{\beta}_2=(2,1,-1,-1)^{\mathrm{T}}$ 所生成的向量空间记作 V_2，试证：$V_1=V_2$.

23. 验证 $\boldsymbol{\alpha}_1=(1,-1,0)^{\mathrm{T}},\boldsymbol{\alpha}_2=(2,1,3)^{\mathrm{T}},\boldsymbol{\alpha}_3=(3,2,1)^{\mathrm{T}}$ 为 $\mathbf{R}^3$ 的一组基，并将 $\boldsymbol{v}_1=(5,0,7)^{\mathrm{T}},\boldsymbol{v}_2=(-9,-8,-13)^{\mathrm{T}}$ 用这组基线性表出.

24. 设四次非齐次线性方程组的系数矩阵的秩为 3，已知 η_1,η_2,η_3 是它的三个解向量，且 $\eta_1=\begin{pmatrix}1\\2\\3\\4\end{pmatrix},\eta_2+\eta_3=\begin{pmatrix}2\\3\\4\\5\end{pmatrix}$，求该方程组的通解.

25. 设 n 阶矩阵 A 的各行元素之和均为零，且 A 的秩为 $n-1$，求 $AX=O$ 的通解.

26. 求解下列齐次线性方程组的一个基础解系：

(1) $\begin{cases}2x_1-4x_2+5x_3+3x_4=0\\3x_1-6x_2+4x_3+2x_4=0\\4x_1-8x_2+17x_3+11x_4=0\end{cases}$；

(2) $\begin{cases}x_1+x_2+x_3+x_4+x_5=0\\3x_1+2x_2+x_3+x_4-3x_5=0\\x_2+2x_3+2x_4+6x_5=0\\5x_1+4x_2+3x_3+3x_4-x_5=0\end{cases}$.

27. 求下列非齐次线性方程组的一个解及对应的齐次方程组的基础解系：

(1) $\begin{cases}x_1+x_2=5\\2x_1+x_2+x_3+2x_4=1\\5x_1+3x_2+2x_3+2x_4=3\end{cases}$；

(2) $\begin{cases}x_1+3x_2+3x_3-2x_4+x_5=3\\2x_1+6x_2+x_3-3x_4=2\\x_1+3x_2-2x_3-x_4-x_5=-1\\3x_1+9x_2+4x_3-5x_4+x_5=5\end{cases}$.

28. 已知方程组

$$\begin{cases}x_1+x_2+ax_3=4\\-x_1+ax_2+x_3=a^2\\x_1-x_2+2x_3=-4\end{cases}$$

问 a 取何值时，方程组无解？有唯一解？有无穷多解？在有无穷多解时，求出对应齐次方程组的一组基础解系并求方程组的通解.

29. 设 $\boldsymbol{\eta}^*$ 是非齐次线性方程组 $\boldsymbol{Ax}=\boldsymbol{b}$ 的一个解，$\boldsymbol{\xi}_1,\boldsymbol{\xi}_2,\cdots,\boldsymbol{\xi}_{n-r}$ 是对应的齐次线性方程组的一个基础解系. 证明：

(1) $\boldsymbol{\eta}^*,\boldsymbol{\xi}_1,\boldsymbol{\xi}_2,\cdots,\boldsymbol{\xi}_{n-r}$ 线性无关；

(2) $\boldsymbol{\eta}^*,\boldsymbol{\eta}^*+\boldsymbol{\xi}_1,\cdots,\boldsymbol{\eta}^*+\boldsymbol{\xi}_{n-r}$ 线性无关.

第四章　相似矩阵与二次型

第一节　正交矩阵

定义 1　设有两个 n 维向量

$$\boldsymbol{\alpha}=\begin{bmatrix}a_1\\a_2\\\vdots\\a_n\end{bmatrix},\quad \boldsymbol{\beta}=\begin{bmatrix}b_1\\b_2\\\vdots\\b_n\end{bmatrix}$$

令

$$(\boldsymbol{\alpha},\boldsymbol{\beta})=a_1b_1+a_2b_2+\cdots+a_nb_n$$

则$(\boldsymbol{\alpha},\boldsymbol{\beta})$称为向量$\alpha$ 与β 的内积.

内积是向量的一种运算,还可用矩阵记号来表示为

$$(\boldsymbol{\alpha},\boldsymbol{\beta})=\boldsymbol{\alpha}^{\mathrm{T}}\boldsymbol{\beta}=[\boldsymbol{a}_1\quad \boldsymbol{a}_2\quad \cdots\quad \boldsymbol{a}_n]\begin{bmatrix}b_1\\b_2\\\vdots\\b_n\end{bmatrix}$$

内积具有下列性质(其中 $\boldsymbol{\alpha},\boldsymbol{\beta},\boldsymbol{\gamma}$ 为 n 维向量,λ 为实数):

(1) $(\boldsymbol{\alpha},\boldsymbol{\beta})=(\boldsymbol{\beta},\boldsymbol{\alpha})$;

(2) $(\lambda\boldsymbol{\alpha},\boldsymbol{\beta})=\lambda(\boldsymbol{\alpha},\boldsymbol{\beta})=(\boldsymbol{\alpha},\lambda\boldsymbol{\beta})$;

(3) $(\boldsymbol{\alpha}+\boldsymbol{\beta},\boldsymbol{\gamma})=(\boldsymbol{\alpha},\boldsymbol{\gamma})+(\boldsymbol{\beta},\boldsymbol{\gamma})$.

定义 2　令

$$\|\boldsymbol{\alpha}\|=\sqrt{(\boldsymbol{\alpha},\boldsymbol{\alpha})}=\sqrt{a_1^2+a_2^2+\cdots+a_n^2}$$

称 $\|\boldsymbol{\alpha}\|$ 为 n 维向量 $\boldsymbol{\alpha}$ 的长度(或范数).

当 $\|\boldsymbol{\alpha}\|=1$ 时,称 $\boldsymbol{\alpha}$ 为单位向量.

对任何非零向量 $\boldsymbol{\alpha}$,$\dfrac{\boldsymbol{\alpha}}{\|\boldsymbol{\alpha}\|}$ 称为向量的单位化.

向量的长度具有下述性质:

(1) 非负性:当 $\boldsymbol{\alpha}\neq\mathbf{0}$ 时,$\|\boldsymbol{\alpha}\|>0$;当 $\boldsymbol{\alpha}=\mathbf{0}$ 时,$\|\boldsymbol{\alpha}\|=\mathbf{0}$.

(2) 齐次性:$\|\lambda\boldsymbol{\alpha}\|=|\lambda|\,\|\boldsymbol{\alpha}\|$.

(3) 三角不等式:$\|\boldsymbol{\alpha}+\boldsymbol{\beta}\|\leqslant\|\boldsymbol{\alpha}\|+\|\boldsymbol{\beta}\|$.

向量的内积满足

$$(\boldsymbol{\alpha},\boldsymbol{\beta})^2\leqslant(\boldsymbol{\alpha},\boldsymbol{\alpha})(\boldsymbol{\beta},\boldsymbol{\beta})$$

上式称为施瓦茨不等式(这里不予证明)，由此可得

$$\left|\frac{(\boldsymbol{\alpha},\boldsymbol{\beta})}{\|\boldsymbol{\alpha}\|\|\boldsymbol{\beta}\|}\right|\leqslant 1,\qquad \text{当 } \|\boldsymbol{\alpha}\|\|\boldsymbol{\beta}\|\neq 0 \text{ 时}$$

于是有下面的定义.

定义 3　当 $\|\boldsymbol{\alpha}\|\neq 0$，$\|\boldsymbol{\beta}\|\neq 0$ 时

$$\theta=\arccos\frac{(\boldsymbol{\alpha},\boldsymbol{\beta})}{\|\boldsymbol{\alpha}\|\|\boldsymbol{\beta}\|}$$

称为 n 维向量 $\boldsymbol{\alpha}$ 与 $\boldsymbol{\beta}$ 的夹角. 特别地，当 $(\boldsymbol{\alpha},\boldsymbol{\beta})=0$ 时，称向量 $\boldsymbol{\alpha}$ 与 $\boldsymbol{\beta}$ 正交.

例如，向量 $\boldsymbol{\alpha}=\begin{bmatrix}1\\2\\3\\1\end{bmatrix}$ 与向量 $\boldsymbol{\beta}=\begin{bmatrix}2\\-4\\3\\-3\end{bmatrix}$ 是正交的，这是因为

$$(\boldsymbol{\alpha},\boldsymbol{\beta})=1\times 2+2\times(-4)+3\times 3+1\times(-3)=0$$

显然，零向量与任何向量正交.

定义 4　若非零向量组 $\boldsymbol{\alpha}_1,\boldsymbol{\alpha}_2,\cdots,\boldsymbol{\alpha}_r$ 中的任意两个向量都是正交的，则称这个向量组为正交向量组.

例如，n 维单位向量组 $\boldsymbol{e}_1,\boldsymbol{e}_2,\cdots,\boldsymbol{e}_n$ 是正交向量组.

定理 1　若 n 维向量组 $\boldsymbol{\alpha}_1,\boldsymbol{\alpha}_2,\cdots,\boldsymbol{\alpha}_r$ 是正交向量组，则 $\boldsymbol{\alpha}_1,\boldsymbol{\alpha}_2,\cdots,\boldsymbol{\alpha}_r$ 线性无关.

证明　设有 $\lambda_1,\lambda_2,\cdots,\lambda_r$，使

$$\lambda_1\boldsymbol{\alpha}_1+\lambda_2\boldsymbol{\alpha}_2+\cdots+\lambda_r\boldsymbol{\alpha}_r=\boldsymbol{0}$$

以 $\boldsymbol{\alpha}_i^{\mathrm{T}}(i=1,2,\cdots,r)$ 分别左乘上式两端，得

$$\lambda_i\boldsymbol{\alpha}_i^{\mathrm{T}}\boldsymbol{\alpha}_i=0,\qquad i=1,2,\cdots,r$$

因 $\boldsymbol{\alpha}_i\neq 0$，故 $\boldsymbol{\alpha}_i^{\mathrm{T}}\boldsymbol{\alpha}_i=\|\boldsymbol{\alpha}_i\|^2\neq 0$，从而有 $\lambda_i=0(i=1,2,\cdots,r)$. 即 $\lambda_1=\lambda_2=\cdots=\lambda_r=0$，于是向量组 $\boldsymbol{\alpha}_1,\boldsymbol{\alpha}_2,\cdots,\boldsymbol{\alpha}_r$ 线性无关.

我们常常采用两两正交的单位向量组作为向量空间的基(称为向量空间的规范正交基)，但是线性无关的向量组不一定是正交向量组，不过我们可以在含该向量组的向量空间内找一组两两正交的单位向量组与之等价. 这个过程称为向量组的正交规范化过程.

下面介绍将线性无关的向量组 $\boldsymbol{\alpha}_1,\boldsymbol{\alpha}_2,\cdots,\boldsymbol{\alpha}_r$ 正交规范化的施密特方法.

设 $\boldsymbol{\alpha}_1,\boldsymbol{\alpha}_2,\cdots,\boldsymbol{\alpha}_r$ 线性无关，首先取

$$\boldsymbol{\beta}_1=\boldsymbol{\alpha}_1$$

再取

$$\boldsymbol{\beta}_2=\boldsymbol{\alpha}_2+\lambda\boldsymbol{\beta}_1,\qquad \text{其中 } \lambda \text{ 待定}$$

由

$$(\boldsymbol{\beta}_2,\boldsymbol{\beta}_1)=(\boldsymbol{\alpha}_2+\lambda\boldsymbol{\beta}_1,\boldsymbol{\beta}_1)=(\boldsymbol{\alpha}_2,\boldsymbol{\beta}_1)+\lambda(\boldsymbol{\beta}_1,\boldsymbol{\beta}_1)=0$$

得

$$\lambda=-\frac{(\boldsymbol{\alpha}_2,\boldsymbol{\beta}_1)}{(\boldsymbol{\beta}_1,\boldsymbol{\beta}_1)}$$

所以

$$\boldsymbol{\beta}_2=\boldsymbol{\alpha}_2-\frac{(\boldsymbol{\alpha}_2,\boldsymbol{\beta}_1)}{(\boldsymbol{\beta}_1,\boldsymbol{\beta}_1)}\boldsymbol{\beta}_1$$

类似地，取

$$\boldsymbol{\beta}_3=\boldsymbol{\alpha}_3+\lambda_1\boldsymbol{\beta}_1+\lambda_2\boldsymbol{\beta}_2, \qquad \text{其中 } \lambda_1,\lambda_2 \text{ 待定}$$

由

$$(\boldsymbol{\beta}_2,\boldsymbol{\beta}_1)=0$$
$$(\boldsymbol{\beta}_3,\boldsymbol{\beta}_1)=(\boldsymbol{\alpha}_3,\boldsymbol{\beta}_1)+\lambda_1(\boldsymbol{\beta}_1,\boldsymbol{\beta}_1)+\lambda_2(\boldsymbol{\beta}_2,\boldsymbol{\beta}_1)=0$$
$$(\boldsymbol{\beta}_3,\boldsymbol{\beta}_2)=(\boldsymbol{\alpha}_3,\boldsymbol{\beta}_2)+\lambda_1(\boldsymbol{\beta}_1,\boldsymbol{\beta}_2)+\lambda_2(\boldsymbol{\beta}_2,\boldsymbol{\beta}_2)=0$$

得

$$\lambda_1=-\frac{(\boldsymbol{\alpha}_3,\boldsymbol{\beta}_1)}{(\boldsymbol{\beta}_1,\boldsymbol{\beta}_1)}, \quad \lambda_2=-\frac{(\boldsymbol{\alpha}_3,\boldsymbol{\beta}_2)}{(\boldsymbol{\beta}_2,\boldsymbol{\beta}_2)}$$

所以

$$\boldsymbol{\beta}_3=\boldsymbol{\alpha}_3-\frac{(\boldsymbol{\alpha}_3,\boldsymbol{\beta}_1)}{(\boldsymbol{\beta}_1,\boldsymbol{\beta}_1)}\boldsymbol{\beta}_1-\frac{(\boldsymbol{\alpha}_3,\boldsymbol{\beta}_2)}{(\boldsymbol{\beta}_2,\boldsymbol{\beta}_2)}\boldsymbol{\beta}_2$$

将这个过程进行下去，得

$$\boldsymbol{\beta}_r=\boldsymbol{\alpha}_r-\frac{(\boldsymbol{\alpha}_r,\boldsymbol{\beta}_1)}{(\boldsymbol{\beta}_1,\boldsymbol{\beta}_1)}\boldsymbol{\beta}_1-\cdots-\frac{(\boldsymbol{\alpha}_r,\boldsymbol{\beta}_{r-1})}{(\boldsymbol{\beta}_{r-1},\boldsymbol{\beta}_{r-1})}\boldsymbol{\beta}_{r-1}$$

若再将正交向量组 $\boldsymbol{\beta}_1,\boldsymbol{\beta}_2,\cdots,\boldsymbol{\beta}_r$ 单位化，即

$$\boldsymbol{\gamma}_1=\frac{\boldsymbol{\beta}_1}{\|\boldsymbol{\beta}_1\|}, \quad \boldsymbol{\gamma}_2=\frac{\boldsymbol{\beta}_2}{\|\boldsymbol{\beta}_2\|}, \quad \cdots, \quad \boldsymbol{\gamma}_r=\frac{\boldsymbol{\beta}_r}{\|\boldsymbol{\beta}_r\|}$$

则 $\boldsymbol{\gamma}_1,\boldsymbol{\gamma}_2,\cdots,\boldsymbol{\gamma}_r$ 就是与线性无关组 $\boldsymbol{\alpha}_1,\boldsymbol{\alpha}_2,\cdots,\boldsymbol{\alpha}_r$ 等价的正交规范向量组.

例 1 将向量组 $\boldsymbol{\alpha}_1=\begin{bmatrix}1\\2\\-1\end{bmatrix},\boldsymbol{\alpha}_2=\begin{bmatrix}-1\\3\\1\end{bmatrix},\boldsymbol{\alpha}_3=\begin{bmatrix}4\\-1\\0\end{bmatrix}$ 正交规范化.

解 取

$$\boldsymbol{\beta}_1=\boldsymbol{\alpha}_1$$

$$\boldsymbol{\beta}_2=\boldsymbol{\alpha}_2-\frac{(\boldsymbol{\alpha}_2,\boldsymbol{\beta}_1)}{(\boldsymbol{\beta}_1,\boldsymbol{\beta}_1)}\boldsymbol{\beta}_1=\begin{bmatrix}-1\\3\\1\end{bmatrix}-\frac{4}{6}\begin{bmatrix}1\\2\\-1\end{bmatrix}=\frac{5}{3}\begin{bmatrix}-1\\1\\1\end{bmatrix}$$

$$\begin{aligned}\boldsymbol{\beta}_3&=\boldsymbol{\alpha}_3-\frac{(\boldsymbol{\alpha}_3,\boldsymbol{\beta}_1)}{(\boldsymbol{\beta}_1,\boldsymbol{\beta}_1)}\boldsymbol{\beta}_1-\frac{(\boldsymbol{\alpha}_3,\boldsymbol{\beta}_2)}{(\boldsymbol{\beta}_2,\boldsymbol{\beta}_2)}\boldsymbol{\beta}_2\\&=\begin{bmatrix}4\\-1\\0\end{bmatrix}-\frac{1}{3}\begin{bmatrix}1\\2\\-1\end{bmatrix}+\frac{5}{3}\begin{bmatrix}-1\\1\\1\end{bmatrix}=2\begin{bmatrix}1\\0\\1\end{bmatrix}\end{aligned}$$

再将它们单位化，取

$$\boldsymbol{\gamma}_1=\frac{\boldsymbol{\beta}_1}{\|\boldsymbol{\beta}_1\|}=\frac{1}{\sqrt{6}}\begin{bmatrix}1\\2\\-1\end{bmatrix}, \quad \boldsymbol{\gamma}_2=\frac{\boldsymbol{\beta}_2}{\|\boldsymbol{\beta}_2\|}=\frac{1}{\sqrt{3}}\begin{bmatrix}-1\\1\\1\end{bmatrix}, \quad \boldsymbol{\gamma}_3=\frac{\boldsymbol{\beta}_3}{\|\boldsymbol{\beta}_3\|}=\frac{1}{\sqrt{2}}\begin{bmatrix}1\\0\\1\end{bmatrix}$$

则 $\boldsymbol{\gamma}_1,\boldsymbol{\gamma}_2,\boldsymbol{\gamma}_3$ 即为所求.

例 2 已知 $\boldsymbol{\beta}_1=\begin{bmatrix}1\\1\\1\end{bmatrix}$，求非零向量 $\boldsymbol{\beta}_2,\boldsymbol{\beta}_3$，使 $\boldsymbol{\beta}_1,\boldsymbol{\beta}_2,\boldsymbol{\beta}_3$ 成为正交向量组.

解　设所求向量为 $\boldsymbol{\alpha}=\begin{bmatrix}x_1\\x_2\\x_3\end{bmatrix}$，应满足 $\boldsymbol{\beta}_1^{\mathrm{T}}\boldsymbol{\alpha}=0$，即

$$x_1+x_2+x_3=0$$

其基础解系为

$$\boldsymbol{\alpha}_1=\begin{bmatrix}1\\0\\-1\end{bmatrix},\quad \boldsymbol{\alpha}_2=\begin{bmatrix}0\\1\\-1\end{bmatrix}$$

将 $\boldsymbol{\alpha}_1,\boldsymbol{\alpha}_2$ 正交化，取

$$\boldsymbol{\beta}_2=\boldsymbol{\alpha}_1=\begin{bmatrix}1\\0\\-1\end{bmatrix}$$

$$\boldsymbol{\beta}_3=\boldsymbol{\alpha}_2-\frac{(\boldsymbol{\alpha}_2,\boldsymbol{\beta}_2)}{(\boldsymbol{\beta}_2,\boldsymbol{\beta}_2)}\boldsymbol{\beta}_2=\begin{bmatrix}0\\1\\-1\end{bmatrix}-\frac{1}{2}\begin{bmatrix}1\\0\\-1\end{bmatrix}=\begin{bmatrix}-\frac{1}{2}\\1\\-\frac{1}{2}\end{bmatrix}$$

则 $\boldsymbol{\beta}_2,\boldsymbol{\beta}_3$ 即为所求.

定义 5　如果 n 阶方阵 $\boldsymbol{A}$ 满足

$$\boldsymbol{A}\boldsymbol{A}^{\mathrm{T}}=\boldsymbol{A}^{\mathrm{T}}\boldsymbol{A}=\boldsymbol{E}$$

则称 $\boldsymbol{A}$ 为正交矩阵.

例如

$$\boldsymbol{A}=\begin{bmatrix}1&0\\0&-1\end{bmatrix},\quad \boldsymbol{B}=\begin{bmatrix}\frac{\sqrt{3}}{2}&-\frac{1}{2}\\\frac{1}{2}&\frac{\sqrt{3}}{2}\end{bmatrix}$$

都是正交阵.

若 $\boldsymbol{A}$ 为正交矩阵，令 $\boldsymbol{A}=[\boldsymbol{\alpha}_1\quad\cdots\quad\boldsymbol{\alpha}_n]$，则

$$\begin{bmatrix}\boldsymbol{\alpha}_1^{\mathrm{T}}\\\boldsymbol{\alpha}_2^{\mathrm{T}}\\\vdots\\\boldsymbol{\alpha}_n^{\mathrm{T}}\end{bmatrix}[\boldsymbol{\alpha}_1\quad\boldsymbol{\alpha}_2\quad\cdots\quad\boldsymbol{\alpha}_n]=\boldsymbol{E}$$

亦即

$$(\boldsymbol{\alpha}_i^{\mathrm{T}},\boldsymbol{\alpha}_j)=(\delta_{ij})=\delta_{ij}，其中，\delta_{ij}=\begin{cases}1 & i=j\\0 & i\neq j\end{cases}$$

即

$$\boldsymbol{\alpha}_i^{\mathrm{T}}\boldsymbol{\alpha}_j=\delta_{ij},\qquad i,j=1,2,\cdots,n$$

这说明方阵 $\boldsymbol{A}$ 为正交矩阵的充分必要条件 $\boldsymbol{A}$ 的列向量是正交规范向量组.

由于 $\boldsymbol{A}^{\mathrm{T}}\boldsymbol{A}=\boldsymbol{E}$ 与 $\boldsymbol{A}\boldsymbol{A}^{\mathrm{T}}=\boldsymbol{E}$ 等价，所以上述结论对 $\boldsymbol{A}$ 的行向量亦成立.

例如，对矩阵

$$A=\begin{bmatrix}\frac{1}{\sqrt{6}} & -\frac{1}{\sqrt{3}} & \frac{1}{\sqrt{2}}\\ \frac{2}{\sqrt{6}} & \frac{1}{\sqrt{3}} & 0\\ -\frac{1}{\sqrt{6}} & \frac{1}{\sqrt{3}} & \frac{1}{\sqrt{2}}\end{bmatrix}$$

由例 1 知 A 的三个列向量为正交规范向量组，所以 A 为正交矩阵.

又由定义知，正交矩阵 A 一定是可逆的，并且 $A^{-1}=A^{T}$；反之若方阵 A 满足 $A^{-1}=A^{T}$，则 A 是正交矩阵. 于是有下列结论：

(1) n 阶方阵 A 为正交矩阵的充分必要条件是 $A^{-1}=A^{T}$；

(2) n 阶方阵 A 为正交矩阵的充分必要条件是 $A^{T}A=E$（或 $AA^{T}=E$）.

例 3 判断矩阵 $A=\begin{bmatrix}\frac{1}{\sqrt{3}} & \frac{1}{\sqrt{3}} & \frac{1}{\sqrt{3}}\\ 0 & -\frac{1}{\sqrt{2}} & \frac{1}{\sqrt{2}}\\ -\frac{2}{\sqrt{6}} & \frac{1}{\sqrt{6}} & \frac{1}{\sqrt{6}}\end{bmatrix}$ 是否为正交阵.

解

$$AA^{T}=\begin{bmatrix}\frac{1}{\sqrt{3}} & \frac{1}{\sqrt{3}} & \frac{1}{\sqrt{3}}\\ 0 & -\frac{1}{\sqrt{2}} & \frac{1}{\sqrt{2}}\\ -\frac{2}{\sqrt{6}} & \frac{1}{\sqrt{6}} & \frac{1}{\sqrt{6}}\end{bmatrix}\begin{bmatrix}\frac{1}{\sqrt{3}} & 0 & -\frac{2}{\sqrt{6}}\\ \frac{1}{\sqrt{3}} & -\frac{1}{\sqrt{2}} & \frac{1}{\sqrt{6}}\\ \frac{1}{\sqrt{3}} & \frac{1}{\sqrt{2}} & \frac{1}{\sqrt{6}}\end{bmatrix}=\begin{bmatrix}1 & 0 & 0\\ 0 & 1 & 0\\ 0 & 0 & 1\end{bmatrix}=E$$

所以 A 为正交阵.

正交阵具有以下性质（请读者自行证明）：

性质 1 E 为正交阵.

性质 2 A,B 均为 n 阶正交阵，则 AB 亦为正交阵.

性质 3 A 是正交阵，则 A^{-1} 亦为正交阵.

性质 4 A 是正交阵，则 $|A|=1$ 或 -1.

第二节　方阵的特征值与特征向量

工程技术中的振动问题和稳定性问题，往往可归结为求一个方阵的特征值和特征向量的问题，矩阵的特征值和特征向量的概念不仅在理论上很重要，而且可直接用于解决实际问题.

定义 6 设 A 是 n 阶方阵，若存在数 λ 和 n 维非零列向量 X，使得

$$AX=\lambda X \tag{1}$$

则称数 λ 为矩阵 A 的特征值，非零向量 X 称为 A 对应于特征值 λ 的特征向量.

式(1) 可改写为

$$(\boldsymbol{A}-\lambda \boldsymbol{E})\boldsymbol{X}=\boldsymbol{0} \tag{2}$$

该式为含 n 个方程 n 个未知量的齐次线性方程组，它有非零解的充分必要条件是系数行列式

$$|\lambda \boldsymbol{E}-\boldsymbol{A}|=0 \tag{3}$$

式(3)是以 λ 为未知数的一元 n 次方程，称为方阵 $\boldsymbol{A}$ 的特征方程. 其左端是 λ 的 n 次多项式，称为方阵 $\boldsymbol{A}$ 的特征多项式. 显然，$\boldsymbol{A}$ 的特征值就是特征方程的解. 在复数范围内特征方程恒有解，其个数等于方程的项数(重根按重数计算). 因此，n 阶方阵 $\boldsymbol{A}$ 有 n 个特征值.

设方阵 $\boldsymbol{A}$ 的特征值为 $\lambda_1,\lambda_2,\cdots,\lambda_n$，不难证明：

$$\lambda_1+\lambda_2+\cdots+\lambda_n=a_{11}+a_{22}+\cdots+a_{nn} \tag{4}$$

$$\lambda_1\lambda_2\cdots\lambda_n=|\boldsymbol{A}| \tag{5}$$

设 $\lambda=\lambda_i$ 为方阵 $\boldsymbol{A}$ 的一个特征值，则由方程

$$(\boldsymbol{A}-\lambda_i \boldsymbol{E})\boldsymbol{X}=\boldsymbol{0}$$

可求得非零解 $\boldsymbol{X}=\boldsymbol{p}_i$，那么 $\boldsymbol{p}_i$ 便是 $\boldsymbol{A}$ 对应于特征值 λ_i 的特征向量.

例 4　求矩阵 $\boldsymbol{A}=\begin{bmatrix}2&0&1\\0&2&1\\1&1&1\end{bmatrix}$ 的特征值和特征向量.

解　因为

$$|\boldsymbol{A}-\lambda\boldsymbol{E}|=\begin{vmatrix}2-\lambda&0&1\\0&2-\lambda&1\\1&1&1-\lambda\end{vmatrix}$$

$$=(2-\lambda)\begin{vmatrix}2-\lambda&1\\1&1-\lambda\end{vmatrix}+\begin{vmatrix}0&1\\2-\lambda&1\end{vmatrix}$$

$$=(2-\lambda)(\lambda^2-3\lambda)=(2-\lambda)\lambda(\lambda-3)$$

所以 $\boldsymbol{A}$ 的特征值为 $\lambda_1=0,\lambda_2=2,\lambda_3=3$.

对于 $\lambda_1=0$，解方程组 $\boldsymbol{AX}=0$. 因为

$$\boldsymbol{A}=\begin{bmatrix}2&0&1\\0&2&1\\1&1&1\end{bmatrix}\sim\begin{bmatrix}1&0&\frac{1}{2}\\0&2&1\\0&0&0\end{bmatrix}$$

得基础解系 $\boldsymbol{p}_1=\begin{bmatrix}-1\\-1\\2\end{bmatrix}$. 亦即 $\boldsymbol{p}_1$ 是对应于特征值 $\lambda_1=0$ 的一个特征向量，显然 $k_1\boldsymbol{p}_1(k_1\neq 0)$ 也是，则对应于 $\lambda_1=0$ 的全部特征向量为 $k_1\boldsymbol{p}_1(k_1\neq 0)$.

对于 $\lambda_2=2$，解方程组 $(\boldsymbol{A}-2\boldsymbol{E})\boldsymbol{X}=0$. 因为

$$\boldsymbol{A}-2\boldsymbol{E}=\begin{bmatrix}0&0&1\\0&0&1\\1&1&-1\end{bmatrix}\sim\begin{bmatrix}1&1&0\\0&0&1\\0&0&0\end{bmatrix}$$

得基础解系 $\boldsymbol{p}_2=\begin{bmatrix}-1\\1\\0\end{bmatrix}$，所以对应于特征值 $\lambda_2=2$ 的全部特征向量为 $k_2\boldsymbol{p}_2(k_2\neq 0)$.

对于 $\lambda_3=3$,解方程组 $(\boldsymbol{A}-3\boldsymbol{E})\boldsymbol{X}=0$. 由

$$\boldsymbol{A}-3\boldsymbol{E}=\begin{bmatrix}-1&0&1\\0&-1&1\\1&1&-2\end{bmatrix}\sim\begin{bmatrix}1&0&-1\\0&-1&1\\0&0&0\end{bmatrix}$$

得基础解系 $\boldsymbol{p}_3=\begin{bmatrix}1\\1\\1\end{bmatrix}$,所以对应于特征值 $\lambda_3=3$ 的全部特征向量为 $k_3\boldsymbol{p}_3(k_3\neq 0)$.

例 5 设 $\boldsymbol{A}=\begin{bmatrix}-1&1&0\\-4&3&0\\1&0&2\end{bmatrix}$,求 $\boldsymbol{A}$ 的特征值和特征向量.

解 因为

$$|\boldsymbol{A}-\lambda\boldsymbol{E}|=\begin{vmatrix}-1-\lambda&1&0\\-4&3-\lambda&0\\1&0&2-\lambda\end{vmatrix}=(2-\lambda)(1-\lambda)^2$$

所以 $\boldsymbol{A}$ 的特征值为 $\lambda_1=2,\lambda_2=\lambda_3=1$.

对于 $\lambda_1=2$,解方程组 $(\boldsymbol{A}-2\boldsymbol{E})\boldsymbol{X}=0$. 由

$$\boldsymbol{A}-2\boldsymbol{E}=\begin{bmatrix}-3&1&0\\-4&1&0\\1&0&0\end{bmatrix}\sim\begin{bmatrix}1&0&0\\0&1&0\\0&0&0\end{bmatrix}$$

得基础解系 $\boldsymbol{p}_1=\begin{bmatrix}0\\0\\1\end{bmatrix}$,所以 $k_1\boldsymbol{p}_1(k_1\neq 0)$ 是对应于 $\lambda_1=2$ 的全部特征向量.

对于 $\lambda_2=\lambda_3=1$,解方程组 $(\boldsymbol{A}-\boldsymbol{E})\boldsymbol{X}=0$. 由

$$\boldsymbol{A}-\boldsymbol{E}=\begin{bmatrix}-2&1&0\\-4&2&0\\1&0&1\end{bmatrix}\sim\begin{bmatrix}1&0&1\\0&1&2\\0&0&0\end{bmatrix}$$

得基础解系 $\boldsymbol{p}_2=\begin{bmatrix}-1\\-2\\1\end{bmatrix}$,所以 $k_2\boldsymbol{p}_2(k_2\neq 0)$ 是对应于特征值 $\lambda_2=\lambda_3=1$ 的全部特征向量.

例 6 求 $\boldsymbol{A}=\begin{bmatrix}-2&1&1\\0&2&0\\-4&1&3\end{bmatrix}$ 的特征值和特征向量.

解 因为

$$\begin{aligned}|\boldsymbol{A}-\lambda\boldsymbol{E}|&=\begin{vmatrix}-2-\lambda&1&1\\0&2-\lambda&0\\-4&1&3-\lambda\end{vmatrix}\\&=(2-\lambda)\begin{vmatrix}-2-\lambda&1\\-4&3-\lambda\end{vmatrix}\\&=(2-\lambda)(\lambda^2-\lambda-2)=-(\lambda+1)(\lambda-2)^2\end{aligned}$$

所以 $\boldsymbol{A}$ 的特征值为 $\lambda_1=-1,\lambda_2=\lambda_3=2$.

当 $\lambda_1=-1$ 时,解方程组 $(\boldsymbol{A}+\boldsymbol{E})\boldsymbol{X}=0$. 由

$$\boldsymbol{A}+\boldsymbol{E}=\begin{bmatrix}-1&1&1\\0&3&0\\-4&1&4\end{bmatrix}\sim\begin{bmatrix}1&0&-1\\0&1&0\\0&0&0\end{bmatrix}$$

得基础解系 $\boldsymbol{p}_1=\begin{bmatrix}1\\0\\1\end{bmatrix}$,所以对应于 $\lambda_1=-1$ 的全部特征向量为 $k_1\boldsymbol{p}_1(k_1\neq 0)$.

当 $\lambda_2=\lambda_3=2$ 时,解方程组 $(\boldsymbol{A}-2\boldsymbol{E})\boldsymbol{X}=0$. 由

$$\boldsymbol{A}-2\boldsymbol{E}=\begin{bmatrix}-4&1&1\\0&0&0\\-4&1&1\end{bmatrix}\sim\begin{bmatrix}-4&1&1\\0&0&0\\0&0&0\end{bmatrix}$$

得基础解系 $\boldsymbol{p}_2=\begin{bmatrix}0\\1\\-1\end{bmatrix}$, $\boldsymbol{p}_3=\begin{bmatrix}1\\0\\4\end{bmatrix}$,所以对应于 $\lambda_2=\lambda_3=2$ 的全部特征向量为 $k_2\boldsymbol{p}_2+k_3\boldsymbol{p}_3$($k_2$, k_3 不同时为 0).

例 7　设 λ 是方阵 $\boldsymbol{A}$ 的特征值,证明 λ^2 是 $\boldsymbol{A}^2$ 的特征值.

证明　因 λ 是 $\boldsymbol{A}$ 的特征值,故有 $\boldsymbol{p}\neq\boldsymbol{0}$,使 $\boldsymbol{Ap}=\lambda\boldsymbol{p}$,于是

$$\boldsymbol{A}^2\boldsymbol{p}=\boldsymbol{A}(\boldsymbol{Ap})=\boldsymbol{A}(\lambda\boldsymbol{p})=\lambda(\boldsymbol{Ap})=\lambda^2\boldsymbol{p}$$

所以 λ^2 是 $\boldsymbol{A}^2$ 的特征值.

按此例类推,不难证明:若 λ 是 $\boldsymbol{A}$ 的特征值,则 λ^k 是 $\boldsymbol{A}^k$ 的特征值,$\varphi(\lambda)$ 是 $\varphi(\boldsymbol{A})$ 的特征值(其中 $\varphi(\lambda)=a_0+a_1\lambda+\cdots+a_m\lambda^m$, $\varphi(\boldsymbol{A})=a_0\boldsymbol{E}+a_1\boldsymbol{A}+\cdots+a_m\boldsymbol{A}^m$).

例 8　设 $\lambda=2$ 是矩阵 $\boldsymbol{A}$ 的特征值,求行列式 $|\boldsymbol{A}^2-3\boldsymbol{A}+2\boldsymbol{E}|$.

解　因 $\lambda=2$ 是 $\boldsymbol{A}$ 的特征值,即 $|\boldsymbol{A}-2\boldsymbol{E}|=0$,所以

$$|\boldsymbol{A}^2-3\boldsymbol{A}+2\boldsymbol{E}|=|(\boldsymbol{A}-\boldsymbol{E})(\boldsymbol{A}-2\boldsymbol{E})|=|\boldsymbol{A}-\boldsymbol{E}|\,|\boldsymbol{A}-2\boldsymbol{E}|=0$$

定理 2　设 $\lambda_1,\lambda_2,\cdots,\lambda_m$ 是方阵 $\boldsymbol{A}$ 的 m 个特征值,$\boldsymbol{p}_1,\boldsymbol{p}_2,\cdots,\boldsymbol{p}_m$ 依次是与之对应的特征向量,若 $\lambda_1,\lambda_2,\cdots,\lambda_m$ 各不相等,则 $\boldsymbol{p}_1,\boldsymbol{p}_2,\cdots,\boldsymbol{p}_m$ 线性无关.

证明　用数学归纳法. 由于特征向量是非零向量,所以 $\boldsymbol{p}_1$ 是线性无关的. 假设 $\boldsymbol{p}_1,\boldsymbol{p}_2,\cdots,\boldsymbol{p}_{m-1}$ 线性无关,现来证明 $\boldsymbol{p}_1,\boldsymbol{p}_2,\cdots,\boldsymbol{p}_m$ 线性无关.

设

$$k_1\boldsymbol{p}_1+\cdots+k_{m-1}\boldsymbol{p}_{m-1}+k_m\boldsymbol{p}_m=0 \tag{6}$$

式(6) 两端同乘以 λ_m,得

$$k_1\lambda_m\boldsymbol{p}_1+\cdots+k_{m-1}\lambda_m\boldsymbol{p}_{m-1}+k_m\lambda_m\boldsymbol{p}_m=0 \tag{7}$$

式(6) 两端左乘矩阵 $\boldsymbol{A}$,再以 $\boldsymbol{Ap}_i=\lambda_i\boldsymbol{p}_i,i=1,2,\cdots,m$ 代入,有

$$k_1\lambda_1\boldsymbol{p}_1+\cdots+k_{m-1}\lambda_{m-1}\boldsymbol{p}_{m-1}+k_m\lambda_m\boldsymbol{p}_m=0 \tag{8}$$

将式(8) 减去式(7),得

$$k_1(\lambda_1-\lambda_m)\boldsymbol{p}_1+\cdots+k_{m-1}(\lambda_{m-1}-\lambda_m)\boldsymbol{p}_{m-1}=0$$

由归纳假设,$\boldsymbol{p}_1,\boldsymbol{p}_2,\cdots,\boldsymbol{p}_{m-1}$ 线性无关,于是有

$$k_i(\lambda_i-\lambda_m)=0,\qquad i=1,2,\cdots,m-1$$

但 $\lambda_i-\lambda_m\neq 0(i\leqslant m-1)$，所以 $k_i=0,i=1,2,\cdots,m-1$. 代入式(6)，有

$$k_m\boldsymbol{p}_m=0$$

而 $\boldsymbol{p}_m$ 为非零向量，故 $k_m=0$.

所以向量组 $\boldsymbol{p}_1,\boldsymbol{p}_2,\cdots,\boldsymbol{p}_m$ 线性无关.

例 9 设 λ_1 和 λ_2 是矩阵 $\boldsymbol{A}$ 的两个不同的特征值，对应的特征向量依次为 $\boldsymbol{p}_1$ 和 $\boldsymbol{p}_2$，证明 $\boldsymbol{p}_1+\boldsymbol{p}_2$ 不是 $\boldsymbol{A}$ 的特征向量.

证明 按题意，有 $\boldsymbol{A}\boldsymbol{p}_1=\lambda_1\boldsymbol{p}_1,\boldsymbol{A}\boldsymbol{p}_2=\lambda_2\boldsymbol{p}_2$，故

$$\boldsymbol{A}(\boldsymbol{p}_1+\boldsymbol{p}_2)=\lambda_1\boldsymbol{p}_1+\lambda_2\boldsymbol{p}_2$$

反设 $\boldsymbol{p}_1+\boldsymbol{p}_2$ 是 $\boldsymbol{A}$ 的特征向量，则应存在数 λ，使

$$\boldsymbol{A}(\boldsymbol{p}_1+\boldsymbol{p}_2)=\lambda(\boldsymbol{p}_1+\boldsymbol{p}_2)$$

于是

$$\lambda(\boldsymbol{p}_1+\boldsymbol{p}_2)=\lambda_1\boldsymbol{p}_1+\lambda_2\boldsymbol{p}_2$$

即

$$(\lambda_1-\lambda)\boldsymbol{p}_1+(\lambda_2-\lambda)\boldsymbol{p}_2=0$$

因 $\lambda_1\neq\lambda_2$，由定理 2 知，$\boldsymbol{p}_1,\boldsymbol{p}_2$ 线性无关，故由上式知

$$\lambda_1-\lambda=\lambda_2-\lambda=0$$

即 $\lambda_1=\lambda_2=\lambda$，与题设矛盾. 因此 $\boldsymbol{p}_1+\boldsymbol{p}_2$ 不是 $\boldsymbol{A}$ 的特征向量.

第三节　相似矩阵

定义 7 设 $\boldsymbol{A},\boldsymbol{B}$ 都是 n 阶矩阵，若存在可逆矩阵 $\boldsymbol{P}$，使

$$\boldsymbol{P}^{-1}\boldsymbol{A}\boldsymbol{P}=\boldsymbol{B}$$

则称 $\boldsymbol{B}$ 是 $\boldsymbol{A}$ 的相似矩阵，或称 $\boldsymbol{A}$ 与 $\boldsymbol{B}$ 相似. 对 $\boldsymbol{A}$ 进行的运算 $\boldsymbol{P}^{-1}\boldsymbol{A}\boldsymbol{P}$ 称为对 $\boldsymbol{A}$ 进行相似变换，可逆矩阵 $\boldsymbol{P}$ 称为把 $\boldsymbol{A}$ 变成 $\boldsymbol{B}$ 的相似变换矩阵.

容易证明：若 $\boldsymbol{A}$ 与 $\boldsymbol{B}$ 相似，则 $\boldsymbol{B}$ 与 $\boldsymbol{A}$ 亦相似；若 $\boldsymbol{A}$ 与 $\boldsymbol{B}$ 相似，且 $\boldsymbol{B}$ 与 $\boldsymbol{C}$ 相似，则 $\boldsymbol{A}$ 与 $\boldsymbol{C}$ 相似.

定理 3 若 n 阶方阵 $\boldsymbol{A}$ 与 $\boldsymbol{B}$ 相似，则 $\boldsymbol{A}$ 与 $\boldsymbol{B}$ 的特征多项式相同，从而 $\boldsymbol{A}$ 与 $\boldsymbol{B}$ 的特征值亦相同.

证明 因 $\boldsymbol{A}$ 与 $\boldsymbol{B}$ 相似，则存在可逆矩阵 $\boldsymbol{P}$，使得 $\boldsymbol{P}^{-1}\boldsymbol{A}\boldsymbol{P}=\boldsymbol{B}$，故

$$\begin{aligned}|\boldsymbol{B}-\lambda\boldsymbol{E}|&=|\boldsymbol{P}^{-1}\boldsymbol{A}\boldsymbol{P}-\boldsymbol{P}^{-1}(\lambda\boldsymbol{E})\boldsymbol{P}|=|\boldsymbol{P}^{-1}(\boldsymbol{A}-\lambda\boldsymbol{E})\boldsymbol{P}|\\&=|\boldsymbol{P}^{-1}|\,|\boldsymbol{A}-\lambda\boldsymbol{E}|\,|\boldsymbol{P}|=|\boldsymbol{A}-\lambda\boldsymbol{E}|\end{aligned}$$

推论 1 若 n 阶方阵 $\boldsymbol{A}$ 与对角阵 $\boldsymbol{\Lambda}=\mathrm{diag}(\lambda_1,\lambda_2,\cdots,\lambda_n)$ 相似，则 $\lambda_1,\lambda_2,\cdots,\lambda_n$ 是 $\boldsymbol{A}$ 的 n 个特征值.

证明 因 $\lambda_1,\lambda_2,\cdots,\lambda_n$ 是 $\boldsymbol{\Lambda}$ 的 n 个特征值，由定理 3 知 $\lambda_1,\lambda_2,\cdots,\lambda_n$ 也是 $\boldsymbol{A}$ 的 n 个特征值.

对 n 阶方阵 $\boldsymbol{A}$ 来说，若能找到相似的变换矩阵 $\boldsymbol{P}$，使 $\boldsymbol{P}^{-1}\boldsymbol{A}\boldsymbol{P}=\boldsymbol{\Lambda}$ 为对角阵，则称方阵 $\boldsymbol{A}$ 可对角化.

假设已找到可逆矩阵 $\boldsymbol{P}$，使 $\boldsymbol{P}^{-1}\boldsymbol{A}\boldsymbol{P}=\boldsymbol{\Lambda}$，令 $\boldsymbol{P}=[\boldsymbol{p}_1\quad\boldsymbol{p}_2\quad\cdots\quad\boldsymbol{p}_n]$. 由 $\boldsymbol{P}^{-1}\boldsymbol{A}\boldsymbol{P}=\boldsymbol{\Lambda}$ 得 $\boldsymbol{A}\boldsymbol{P}=\boldsymbol{P}\boldsymbol{\Lambda}$，即

$$A[p_1 \quad p_2 \quad \cdots \quad p_n]=[p_1 \quad p_2 \quad \cdots \quad p_n]\begin{bmatrix}\lambda_1 & & & \\ & \lambda_2 & & \\ & & \ddots & \\ & & & \lambda_n\end{bmatrix}$$

$$=[\lambda_1 p_1 \quad \lambda_2 p_2 \quad \cdots \quad \lambda_n p_n]$$

于是有

$$Ap_i=\lambda_i p_i, \qquad i=1,2,\cdots,n$$

可见λ_i是A的特征值，而P的列向量p_i就是A对应于特征值λ_i的特征向量.

反之，由上节知A恰好有n个特征值，并可对应地求得n个特征向量，这n个特征向量即可构成矩阵Q，使$AQ=Q\Lambda$.

余下的问题是Q是否可逆，即$p_1,p_2,\cdots,p_n$是否线性无关. 若Q可逆，那么便有$Q^{-1}AQ=\Lambda$，即A与对角阵相似.

由此可得下面的定理.

定理4　n阶矩阵A与对角阵相似（即A能对角化）的充分必要条件是A有n个线性无关的特征向量.

再由定理2可得，下面的推论.

推论2　如果n阶方阵A的n个特征值互不相等，则A可对角化.

当A的特征方程有重根时，就不一定有n个线性无关的特征向量，从而不一定能对角化.

例10　设$A=\begin{bmatrix}0 & 0 & 1\\ 1 & 1 & x\\ 1 & 0 & 0\end{bmatrix}$，问$x$为何值时，矩阵$A$能对角化？

解

$$|A-\lambda E|=\begin{vmatrix}-\lambda & 0 & 1\\ 1 & 1-\lambda & x\\ 1 & 0 & -\lambda\end{vmatrix}=(1-\lambda)\begin{vmatrix}-\lambda & 1\\ 1 & -\lambda\end{vmatrix}$$

$$=-(\lambda-1)^2(\lambda+1)$$

得$\lambda_1=-1,\lambda_2=\lambda_3=1$.

对单根$\lambda_1=-1$，可求得线性无关的特征向量恰有1个，故A可对角化的充要条件是对应重根$\lambda_2=\lambda_3=1$时有2个线性无关的特征向量，即方程$(A-E)X=0$有两个线性无关的解，亦即系数矩阵$A-E$的秩为1.

由

$$A-E=\begin{bmatrix}-1 & 0 & 1\\ 1 & 0 & x\\ 1 & 0 & -1\end{bmatrix}\sim\begin{bmatrix}1 & 0 & -1\\ 0 & 0 & x+1\\ 0 & 0 & 0\end{bmatrix}$$

要$R(A-E)=1$，得$x+1=0$，即$x=-1$.

因此，当$x=-1$时，矩阵A能对角化.

例11　设三阶矩阵A的特征值为1,2,-3，求$|A^3-3A+E|$.

解　$\varphi(A)=A^3-3A+E$为三阶方阵，由公式(5)得

$$|\varphi(A)|=\lambda_1\cdot\lambda_2\cdot\lambda_3$$

其中 $\lambda_1,\lambda_2,\lambda_3$ 为 $\varphi(\boldsymbol{A})$ 的 3 个特征值.

又因为 $\boldsymbol{A}$ 的 3 个特征值为 1,2,−3,所以 $\varphi(\boldsymbol{A})$ 的 3 个特征值分别为

$$\varphi(1)=1^3-3\times1+1=-1$$
$$\varphi(2)=2^3-3\times2+1=3$$
$$\varphi(-3)=(-3)^3-3\times(-3)+1=-17$$

故

$$|\varphi(\boldsymbol{A})|=|\boldsymbol{A}^3-3\boldsymbol{A}+\boldsymbol{E}|=(-1)\times3\times(-17)=51$$

第四节　实对称矩阵的对角化

一个 n 阶方阵具备什么条件才能对角化?这个问题比较复杂,但在矩阵中有一类特殊矩阵——实对称矩阵是一定可以对角化的,并且对于实对称矩阵 $\boldsymbol{A}$,不仅能找到一般的可逆矩阵 $\boldsymbol{P}$,使得 $\boldsymbol{P}^{-1}\boldsymbol{AP}$ 为对角阵,而且还能找到正交矩阵 $\boldsymbol{T}$,使得 $\boldsymbol{T}^{-1}\boldsymbol{AT}$ 为对角阵.这里我们不加证明地给出这些结果.

定理 5　实对称矩阵的特征值都是实数.

定理 6　设 λ_1,λ_2 是实对称矩阵 $\boldsymbol{A}$ 的两个不同的特征值,$\boldsymbol{p}_1,\boldsymbol{p}_2$ 是对应的特征向量,则 $\boldsymbol{p}_1$ 与 $\boldsymbol{p}_2$ 正交.

定理 7　设 $\boldsymbol{A}$ 为 n 阶实对称阵,则必有正交阵 $\boldsymbol{P}$,使 $\boldsymbol{P}^{-1}\boldsymbol{AP}=\boldsymbol{P}^{\mathrm{T}}\boldsymbol{AP}=\boldsymbol{\Lambda}$,其中 $\boldsymbol{\Lambda}$ 是以 $\boldsymbol{A}$ 的 n 个特征值为对角元的对角阵.

对于实对称矩阵 $\boldsymbol{A}$,求一个正交阵 $\boldsymbol{P}$,使 $\boldsymbol{P}^{-1}\boldsymbol{AP}$ 为对角阵的一般步骤如下:

(1) 求出 $\boldsymbol{A}$ 的所有不同的特征值 $\lambda_1,\lambda_2,\cdots,\lambda_n$,由定理 5 知 n 阶实对称矩阵一定可求出所有的实特征值.

(2) 求出 $\boldsymbol{A}$ 对应于每个特征值 λ_i 的一组线性无关的特征向量,即求出齐次线性方程组 $(\lambda_i\boldsymbol{E}-\boldsymbol{A})\boldsymbol{X}=\boldsymbol{0}$ 的一组基础解系,然后通过施密特正交化过程,把此基础解系正交化、单位化.对 n 阶实对称矩阵 $\boldsymbol{A}$,一定可求出 n 个正交规范化的特征向量.

(3) 以求出的 n 个正交规范化的特征向量作为列向量所得到的 n 阶方阵即为所求的正交矩阵 $\boldsymbol{P}$;以相应的特征值作为主对角线元的对角阵,即为所求的 $\boldsymbol{\Lambda}=\boldsymbol{P}^{-1}\boldsymbol{AP}$.

例 12　设 $\boldsymbol{A}=\begin{bmatrix}0&-1&1\\-1&0&1\\1&1&0\end{bmatrix}$,求正交矩阵 $\boldsymbol{P}$,使得 $\boldsymbol{P}^{-1}\boldsymbol{AP}$ 为对角阵.

解　$\boldsymbol{A}$ 为实对称矩阵,由定理 7 知,一定可以找到正交阵 $\boldsymbol{P}$,使得 $\boldsymbol{P}^{-1}\boldsymbol{AP}$ 为对角阵.由

$$|\boldsymbol{A}-\lambda\boldsymbol{E}|=\begin{vmatrix}-\lambda&-1&1\\-1&-\lambda&1\\1&1&-\lambda\end{vmatrix}=\begin{vmatrix}1-\lambda&\lambda-1&0\\-1&-\lambda&1\\1&1&-\lambda\end{vmatrix}$$
$$=\begin{vmatrix}1-\lambda&0&0\\-1&-1-\lambda&1\\1&2&-\lambda\end{vmatrix}=(1-\lambda)(\lambda^2+\lambda-2)$$
$$=-(\lambda-1)^2(\lambda+2)$$

求得 $\boldsymbol{A}$ 的特征值为 $\lambda_1=-2,\lambda_2=\lambda_3=1$(二重根).

对应 $\lambda_1=-2$,解方程组$(\boldsymbol{A}+2\boldsymbol{E})\boldsymbol{X}=0$. 由

$$\boldsymbol{A}+2\boldsymbol{E}=\begin{bmatrix}2&-1&1\\-1&2&1\\1&1&2\end{bmatrix}\sim\begin{bmatrix}1&0&1\\0&1&1\\0&0&0\end{bmatrix}$$

得基础解系 $\boldsymbol{\xi}_1=\begin{bmatrix}-1\\-1\\1\end{bmatrix}$,将 $\boldsymbol{\xi}_1$ 单位化,得 $\boldsymbol{p}_1=\dfrac{1}{\sqrt{3}}\begin{bmatrix}-1\\-1\\1\end{bmatrix}$.

对于 $\lambda_2=\lambda_3=1$,解方程组$(\boldsymbol{A}-\boldsymbol{E})\boldsymbol{X}=0$. 由

$$\boldsymbol{A}-\boldsymbol{E}=\begin{bmatrix}-1&-1&1\\-1&-1&1\\1&1&-1\end{bmatrix}\sim\begin{bmatrix}1&1&-1\\0&0&0\\0&0&0\end{bmatrix}$$

得基础解系 $\boldsymbol{\xi}_2=\begin{bmatrix}-1\\1\\0\end{bmatrix}$,$\boldsymbol{\xi}_3=\begin{bmatrix}1\\0\\1\end{bmatrix}$.

将 $\boldsymbol{\xi}_2,\boldsymbol{\xi}_3$ 正交化,取 $\boldsymbol{\eta}_2=\boldsymbol{\xi}_2$,有

$$\boldsymbol{\eta}_3=\boldsymbol{\xi}_3-\frac{(\boldsymbol{\eta}_2,\boldsymbol{\xi}_3)}{(\boldsymbol{\eta}_2,\boldsymbol{\eta}_2)}\boldsymbol{\eta}_2=\begin{bmatrix}1\\0\\1\end{bmatrix}+\frac{1}{2}\begin{bmatrix}-1\\1\\0\end{bmatrix}=\frac{1}{2}\begin{bmatrix}1\\1\\2\end{bmatrix}$$

再将 $\boldsymbol{\eta}_2,\boldsymbol{\eta}_3$ 单位化,得 $\boldsymbol{p}_2=\dfrac{1}{\sqrt{2}}\begin{bmatrix}-1\\1\\0\end{bmatrix}$,$\boldsymbol{p}_3=\dfrac{1}{\sqrt{6}}\begin{bmatrix}1\\1\\2\end{bmatrix}$

将 $\boldsymbol{p}_1,\boldsymbol{p}_2,\boldsymbol{p}_3$ 构成正交矩阵,即

$$\boldsymbol{P}=[\boldsymbol{p}_1\quad\boldsymbol{p}_2\quad\boldsymbol{p}_3]=\begin{bmatrix}-\frac{1}{\sqrt{3}}&-\frac{1}{\sqrt{2}}&\frac{1}{\sqrt{6}}\\-\frac{1}{\sqrt{3}}&\frac{1}{\sqrt{2}}&\frac{1}{\sqrt{6}}\\\frac{1}{\sqrt{3}}&0&\frac{2}{\sqrt{6}}\end{bmatrix}$$

于是有

$$\boldsymbol{P}^{-1}\boldsymbol{A}\boldsymbol{P}=\boldsymbol{P}^{\mathrm{T}}\boldsymbol{A}\boldsymbol{P}=\boldsymbol{\Lambda}=\begin{bmatrix}-2&0&0\\0&1&0\\0&0&1\end{bmatrix}$$

第五节　二次型及其标准形

在解析几何中,为了便于研究二次曲线

$$ax^2+bxy+cy^2=1$$

的几何性质,往往采用坐标变换将其化为标准形

$$mX^2+nY^2=1$$

由标准形就可以作出曲线形状判断.

在这里,我们对含 n 个变量的二次齐次多项式也作一个类似的讨论.

定义 8 含有 n 个变量 $x_1,x_2,\cdots,x_n$ 的二次齐次函数

$$f(x_1,x_2,\cdots,x_n)=a_{11}x_1^2+a_{22}x_2^2+\cdots+a_{nn}x_n^2+2a_{12}x_1x_2+2a_{13}x_1x_3+\cdots+2a_{n-1,n}x_{n-1}x_n \tag{9}$$

称为二次型.

取 $a_{ij}=a_{ji}$,则 $2a_{ij}x_ix_j=a_{ij}x_ix_j+a_{ji}x_jx_i$,于是式(9) 可写成

$$\begin{aligned}f&=a_{11}x_1^2+a_{12}x_1x_2+\cdots+a_{1n}x_1x_n+a_{21}x_2x_1+a_{22}x_2^2+\cdots\\&\quad+a_{2n}x_2x_n+\cdots+a_{n1}x_nx_1+a_{n2}x_nx_2+\cdots+a_{nn}x_n^2\\&=\begin{bmatrix}x_1 & x_2 & \cdots & x_n\end{bmatrix}\begin{bmatrix}a_{11}x_1+a_{12}x_2+\cdots+a_{1n}x_n\\a_{21}x_1+a_{22}x_2+\cdots+a_{2n}x_n\\a_{n1}x_1+a_{n2}x_2+\cdots+a_{nn}x_n\end{bmatrix}\\&=\begin{bmatrix}x_1 & x_2 & \cdots & x_n\end{bmatrix}\begin{bmatrix}a_{11} & \cdots & a_{1n}\\\vdots & & \vdots\\a_{n1} & \cdots & a_{nn}\end{bmatrix}\begin{bmatrix}x_1\\x_2\\\vdots\\x_n\end{bmatrix}\end{aligned}$$

记

$$\boldsymbol{A}=\begin{bmatrix}a_{11} & \cdots & a_{1n}\\\vdots & & \vdots\\a_{n1} & \cdots & a_{nn}\end{bmatrix},\quad \boldsymbol{X}=\begin{bmatrix}x_1\\x_2\\\vdots\\x_n\end{bmatrix}$$

则

$$f=\boldsymbol{X}^{\mathrm{T}}\boldsymbol{A}\boldsymbol{X} \tag{10}$$

在 $\boldsymbol{A}$ 中,由于 $a_{ij}=a_{ji}$,所以 $\boldsymbol{A}$ 为对称阵.

对于二次型,我们讨论的主要问题是如何寻求可逆的线性变换

$$\begin{cases}x_1=c_{11}y_1+c_{12}y_2+\cdots+c_{1n}y_n\\x_2=c_{21}y_1+c_{22}y_2+\cdots+c_{2n}y_n\\\quad\vdots\\x_n=c_{n1}y_1+c_{n2}y_2+\cdots+c_{nn}y_n\end{cases} \tag{11}$$

使二次型只含平方项,也就是将式(11) 代入式(9),能使

$$f=k_1y_1^2+k_2y_2^2+\cdots+k_ny_n^2$$

这种只含平方项的二次型,称为二次型的标准型(或法式).

如果标准型的系数 $k_1,k_2,\cdots,k_n$ 只在 $-1,0,1$ 三个数中取值,也就是将式(11) 代入式(9),能使

$$f=y_1^2+\cdots+y_p^2-y_{p+1}^2-\cdots-y_r^2$$

则称上式为二次型的规范型.

当 a_{ij} 为复数时,f 称为复二次型;当 a_{ij} 为实数时,f 称为实二次型. 这里我们仅讨论实二次型,所求线性变换(11) 也限于实系数范围.

由式(11) 可以看出,任给一个二次型,就唯一地确定一个对称阵;反之,任给一个对称阵,也可唯一地确定一个二次型. 这样二次型与对称阵之间存在一一对应关系. 因此称对称阵 $\boldsymbol{A}$ 为二次型 f 的矩阵,也把 f 称为对称阵 $\boldsymbol{A}$ 的二次型. 对称阵 $\boldsymbol{A}$ 的秩就叫做二次型的秩.

定理8　对于任何一个二次型 $f(x_1,x_2,\cdots,x_n)$,一定能找到一个正交矩阵 $\boldsymbol{P}$,使得经过正交变换 $\boldsymbol{X}=\boldsymbol{PY}$ 把它化为标准形 $f=k_1y_1^2+k_2y_2^2+\cdots+k_ny_n^2$,其中 $k_1,k_2,\cdots,k_n$ 是二次型 $f(x_1,x_2,\cdots,x_n)$ 的矩阵 $\boldsymbol{A}$ 的全部特征值.

证明　二次型 $f(x_1,x_2,\cdots,x_n)=\boldsymbol{X}^{\mathrm{T}}\boldsymbol{AX}$ 的矩阵 $\boldsymbol{A}$ 是对称阵,由定理7知,一定能找到一个正交矩阵 $\boldsymbol{P}$,使得

$$\boldsymbol{P}^{-1}\boldsymbol{AP}=\begin{bmatrix}k_1 & & & \\ & k_2 & & \\ & & \ddots & \\ & & & k_n\end{bmatrix}=\mathrm{diag}(k_1,k_2,\cdots,k_n)$$

其中 $k_1,k_2,\cdots,k_n$ 是 $\boldsymbol{A}$ 的全部特征值. 因为 $\boldsymbol{P}$ 是正交矩阵,所以 $\boldsymbol{P}^{-1}=\boldsymbol{P}^{\mathrm{T}}$,于是

$$\boldsymbol{P}^{\mathrm{T}}\boldsymbol{AP}=\boldsymbol{P}^{-1}\boldsymbol{AP}=\mathrm{diag}(k_1,k_2,\cdots,k_n)$$

令 $\boldsymbol{X}=\boldsymbol{PY}$,则

$$\begin{aligned}f(x_1,x_2,\cdots,x_n)&=\boldsymbol{X}^{\mathrm{T}}\boldsymbol{AX}=(\boldsymbol{PY})^{\mathrm{T}}\boldsymbol{A}(\boldsymbol{PY})\\&=\boldsymbol{Y}^{\mathrm{T}}(\boldsymbol{P}^{\mathrm{T}}\boldsymbol{AP})\boldsymbol{Y}=\boldsymbol{Y}^{\mathrm{T}}(\boldsymbol{P}^{-1}\boldsymbol{AP})\boldsymbol{Y}\\&=k_1y_1^2+k_2y_2^2+\cdots+k_ny_n^2\end{aligned}$$

这就是 $f(x_1,x_2,\cdots,x_n)$ 的标准形.

利用正交变换化二次型为标准型,这在理论上和实际应用上都非常重要.

例 13　求一个正交变换 $\boldsymbol{X}=\boldsymbol{PY}$,把二次型

$$f=2x_1x_2+2x_1x_3-2x_1x_4-2x_2x_3+2x_2x_4+2x_3x_4$$

化为标准形.

解　f 对应的矩阵为

$$A=\begin{bmatrix}0 & 1 & 1 & -1\\ 1 & 0 & -1 & 1\\ 1 & -1 & 0 & 1\\ -1 & 1 & 1 & 0\end{bmatrix}$$

其特征多项式为

$$|\boldsymbol{A}-\lambda\boldsymbol{E}|=\begin{vmatrix}-\lambda & 1 & 1 & -1\\ 1 & -\lambda & -1 & 1\\ 1 & -1 & -\lambda & 1\\ -1 & 1 & 1 & -\lambda\end{vmatrix}$$

$$\xlongequal{c_1+c_2+c_3+c_4}(-\lambda+1)\begin{vmatrix}1 & 1 & 1 & -1\\ 1 & -\lambda & -1 & 1\\ 1 & -1 & -\lambda & 1\\ 1 & 1 & 1 & -\lambda\end{vmatrix}$$

$$\xrightarrow[r_4-r_1]{\substack{r_2-r_1\\ r_3-r_1}}(-\lambda+1)\begin{vmatrix}1 & 1 & 1 & -1\\ 0 & -\lambda-1 & -2 & 2\\ 0 & -2 & -\lambda-1 & 2\\ 0 & 0 & 0 & -\lambda+1\end{vmatrix}$$

$$=(-\lambda+1)^2\begin{vmatrix}-\lambda-1 & -2\\ -2 & -\lambda-1\end{vmatrix}$$

$$=(-\lambda+1)^2(\lambda^2+2\lambda-3)=(\lambda+3)(\lambda-1)^3$$

于是 $\boldsymbol{A}$ 的特征值为 $\lambda_1=-3,\lambda_2=\lambda_3=\lambda_4=1$.

当 $\lambda_1=-3$ 时,解方程组 $(\boldsymbol{A}+3\boldsymbol{E})\boldsymbol{X}=0$. 由

$$\boldsymbol{A}+3\boldsymbol{E}=\begin{bmatrix}3 & 1 & 1 & -1\\ 1 & 3 & -1 & 1\\ 1 & -1 & 3 & 1\\ -1 & 1 & 1 & 3\end{bmatrix}\sim\begin{bmatrix}1 & 1 & 1 & 1\\ 1 & 3 & -1 & 1\\ 1 & -1 & 3 & 1\\ -1 & 1 & 1 & 3\end{bmatrix}$$

$$\sim\begin{bmatrix}1 & 1 & 1 & 1\\ 0 & 2 & -2 & 0\\ 0 & -2 & 2 & 0\\ 0 & 2 & 2 & 4\end{bmatrix}\sim\begin{bmatrix}1 & 1 & 1 & 1\\ 0 & 1 & -1 & 0\\ 0 & 0 & 1 & 1\\ 0 & 0 & 0 & 0\end{bmatrix}\sim\begin{bmatrix}1 & 0 & 0 & -1\\ 0 & 1 & 0 & 1\\ 0 & 0 & 1 & 1\\ 0 & 0 & 0 & 0\end{bmatrix}$$

得基础解系 $\boldsymbol{\xi}_1=\begin{bmatrix}1\\ -1\\ -1\\ 1\end{bmatrix}$,将 $\boldsymbol{\xi}_1$ 单位化,得 $\boldsymbol{p}_1=\dfrac{1}{2}\begin{bmatrix}1\\ -1\\ -1\\ 1\end{bmatrix}$.

当 $\lambda_2=\lambda_3=\lambda_4=1$ 时,解方程组 $(\boldsymbol{A}-\boldsymbol{E})\boldsymbol{X}=0$. 由

$$\boldsymbol{A}+\boldsymbol{E}=\begin{bmatrix}-1 & 1 & 1 & -1\\ 1 & -1 & -1 & 1\\ 1 & -1 & -1 & 1\\ -1 & 1 & 1 & -1\end{bmatrix}\sim\begin{bmatrix}-1 & 1 & 1 & -1\\ 0 & 0 & 0 & 0\\ 0 & 0 & 0 & 0\\ 0 & 0 & 0 & 0\end{bmatrix}$$

得基础解系 $\boldsymbol{\xi}_2=\begin{bmatrix}1\\ 1\\ 0\\ 0\end{bmatrix},\boldsymbol{\xi}_3=\begin{bmatrix}1\\ 0\\ 1\\ 0\end{bmatrix},\boldsymbol{\xi}_4=\begin{bmatrix}-1\\ 0\\ 0\\ 1\end{bmatrix}$.

正交化,令 $\boldsymbol{\eta}_2=\boldsymbol{\xi}_2=\begin{bmatrix}1\\ 1\\ 0\\ 0\end{bmatrix}$,有

$$\boldsymbol{\eta}_3=\boldsymbol{\xi}_3-\frac{(\boldsymbol{\xi}_3,\boldsymbol{\eta}_2)}{(\boldsymbol{\eta}_2,\boldsymbol{\eta}_2)}\boldsymbol{\eta}_2=\begin{bmatrix}1\\ 0\\ 1\\ 0\end{bmatrix}-\frac{1}{2}\begin{bmatrix}1\\ 1\\ 0\\ 0\end{bmatrix}=\begin{bmatrix}\frac{1}{2}\\ -\frac{1}{2}\\ 1\\ 0\end{bmatrix}$$

$$\boldsymbol{\eta}_4=\boldsymbol{\xi}_4-\frac{(\boldsymbol{\xi}_4,\boldsymbol{\eta}_3)}{(\boldsymbol{\eta}_3,\boldsymbol{\eta}_3)}\boldsymbol{\eta}_3-\frac{(\boldsymbol{\xi}_4,\boldsymbol{\eta}_2)}{(\boldsymbol{\eta}_2,\boldsymbol{\eta}_2)}\boldsymbol{\eta}_2$$

$$=\begin{bmatrix}-1\\0\\0\\1\end{bmatrix}+\frac{1}{3}\begin{bmatrix}\frac{1}{2}\\-\frac{1}{2}\\1\\0\end{bmatrix}+\frac{1}{2}\begin{bmatrix}1\\1\\0\\0\end{bmatrix}=\begin{bmatrix}-\frac{1}{3}\\\frac{1}{3}\\\frac{1}{3}\\1\end{bmatrix}$$

再单位化，有

$$\boldsymbol{p}_2=\frac{1}{\|\boldsymbol{\eta}_2\|}\boldsymbol{\eta}_2=\begin{bmatrix}\frac{1}{\sqrt{2}}\\\frac{1}{\sqrt{2}}\\0\\0\end{bmatrix},\quad \boldsymbol{p}_3=\frac{1}{\|\boldsymbol{\eta}_3\|}\boldsymbol{\eta}_3=\begin{bmatrix}\frac{1}{\sqrt{6}}\\-\frac{1}{\sqrt{6}}\\\frac{2}{\sqrt{6}}\\0\end{bmatrix},\quad \boldsymbol{p}_4=\frac{1}{\|\boldsymbol{\eta}_4\|}\boldsymbol{\eta}_4=\begin{bmatrix}-\frac{\sqrt{3}}{6}\\\frac{\sqrt{3}}{6}\\\frac{\sqrt{3}}{6}\\\frac{\sqrt{3}}{2}\end{bmatrix}$$

令

$$\boldsymbol{P}=\begin{bmatrix}\frac{1}{2}&\frac{\sqrt{2}}{2}&\frac{\sqrt{6}}{6}&-\frac{\sqrt{3}}{6}\\-\frac{1}{2}&\frac{\sqrt{2}}{2}&-\frac{\sqrt{6}}{6}&\frac{\sqrt{3}}{6}\\-\frac{1}{2}&0&\frac{\sqrt{6}}{3}&\frac{\sqrt{3}}{6}\\\frac{1}{2}&0&0&\frac{\sqrt{3}}{2}\end{bmatrix}$$

则 $\boldsymbol{P}$ 为正交阵，且

$$\boldsymbol{P}^{\mathrm{T}}\boldsymbol{A}\boldsymbol{P}=\begin{bmatrix}-3&&&\\&1&&\\&&1&\\&&&1\end{bmatrix}$$

于是，令 $\boldsymbol{X}=\boldsymbol{P}\boldsymbol{Y}$，得

$$f(x_1,x_2,x_3,x_4)=-3y_1^2+y_2^2+y_3^2+y_4^2$$

利用正交变换化二次型为标准形，具有保持几何形状不变的优点. 如果不限于正交变换，那么还可以用多种方法（对应有多个可逆的线性变换）把二次型化为标准形. 下面介绍一种配方的方法.

例 14　化二次型

$$f(x_1,x_2,x_3)=2x_1^2+5x_2^2+5x_3^2+4x_1x_2-4x_1x_3-8x_2x_3$$

为标准形，并求出所用的变换矩阵.

解　先将含 x_1 的各项配成一个含 x_1 的完全平方项，即

$$f=2[x_1^2+2x_1(x_2-x_3)+(x_2-x_3)^2]-2(x_2-x_3)^3+5x_2^2+5x_3^2-8x_2x_3$$
$$=2(x_1+x_2-x_3)^2+3x_2^2+3x_3^2-4x_2x_3$$

再将含 x_2 的各项配成完全平方项,即

$$f=2(x_1+x_2-x_3)^2+3[x_2^2-\frac{4}{3}x_2x_3+(\frac{2}{3}x_3)^2]-\frac{4}{3}x_3^2+3x_3^2$$
$$=2(x_1+x_2-x_3)^2+3(x_2-\frac{2}{3}x_3)^2+\frac{5}{3}x_3^2$$

令

$$y_1=x_1+x_2-x_3,\quad y_2=x_2-\frac{2}{3}x_3,\quad y_3=x_3$$

得 $f=2y_1^2+3y_2^2+\frac{5}{3}y_3^2$,该式即为所求的标准形.

由$\begin{cases}y_1=x_1+x_2-x_3\\ y_2=x_2-\frac{2}{3}x_3\\ y_3=x_3\end{cases}$,解出$\begin{cases}x_1=y_1-y_2+\frac{1}{3}y_3\\ x_2=y_2+\frac{2}{3}y_3\\ x_3=y_3\end{cases}$,即

$$\begin{bmatrix}x_1\\x_2\\x_3\end{bmatrix}=\begin{bmatrix}1&-1&\frac{1}{3}\\0&1&\frac{2}{3}\\0&0&1\end{bmatrix}\begin{bmatrix}y_1\\y_2\\y_3\end{bmatrix}$$

故所用变换矩阵为 $\boldsymbol{P}=\begin{bmatrix}1&-1&\frac{1}{3}\\0&1&\frac{2}{3}\\0&0&1\end{bmatrix}$.

第六节　正定二次型

二次型的标准形显然不是唯一的,只有标准形中所含的项数是确定的(即二次型的秩).不仅如此,在限定变换为实变换时,标准形中正系数的个数是不变的(从而负系数的个数也不变),即有下面的定理.

定理 9　设有实二次型 $f=\boldsymbol{X}^{\mathrm{T}}\boldsymbol{AX}$,它的秩为 r,有两个实的可逆变换

$$\boldsymbol{X}=\boldsymbol{CY}\quad 及\quad \boldsymbol{X}=\boldsymbol{PZ}$$

使

$$f=k_1y_1^2+k_2y_2^2+\cdots+k_ry_r^2,\qquad k_i\neq 0$$

及

$$f=\lambda_1z_1^2+\lambda_2z_2^2+\cdots+\lambda_rz_r^2,\qquad \lambda_i\neq 0$$

则 $k_1,k_2,\cdots,k_r$ 中正数的个数与 $\lambda_1,\lambda_2,\cdots,\lambda_r$ 中正数的个数相等.

这个定理成为惯性定理,这里不予证明.

常用到的二次型是标准形的系数全为正($r=n$)或全为负的情况,因此有下面的含义.

定义 9　设有实二次型 $f=\boldsymbol{X}^{\mathrm{T}}\boldsymbol{A}\boldsymbol{X}$,如果对任何 $\boldsymbol{X}\neq\boldsymbol{0}$,都有 $f(\boldsymbol{X})>0$(显然 $f(\boldsymbol{0})=0$),则称 f 为正定二次型,并称对称矩阵 $\boldsymbol{A}$ 为正定矩阵;如果对任何 $\boldsymbol{X}\neq\boldsymbol{0}$,都有 $f(\boldsymbol{X})<0$,则称 f 为负定二次型,$\boldsymbol{A}$ 为负定矩阵.

定理 10　实二次型 $f=\boldsymbol{X}^{\mathrm{T}}\boldsymbol{A}\boldsymbol{X}$ 为正定的充分必要条件是它的标准形的 n 个系数全为正.

证明　设有可逆变换 $\boldsymbol{X}=\boldsymbol{C}\boldsymbol{Y}$,使

$$f(\boldsymbol{X})=f(\boldsymbol{C}\boldsymbol{Y})=\sum_{i=1}^{n}k_iy_i^2$$

充分性:设 $k_i>0(i=1,2,\cdots,n)$,任给 $\boldsymbol{X}\neq\boldsymbol{0}$,则 $\boldsymbol{Y}=\boldsymbol{C}^{-1}\boldsymbol{X}\neq\boldsymbol{0}$,故

$$f(\boldsymbol{X})=\sum_{i=1}^{n}k_iy_i^2>0$$

必要性:反设 $k_s\leqslant 0$,则当 $\boldsymbol{Y}=\boldsymbol{e}_s$(单位坐标向量)时,$f(\boldsymbol{C}\boldsymbol{e}_s)=k_s\leqslant 0$,显然 $\boldsymbol{C}\boldsymbol{e}_s\neq\boldsymbol{0}$,这与 f 为正定相矛盾.这就证明了 $k_i>0(i=1,2,\cdots,n)$.

推论　对称矩阵 $\boldsymbol{A}$ 为正定的充分必要条件是 $\boldsymbol{A}$ 的特征值全为正.

定理 11　对称矩阵 $\boldsymbol{A}$ 为正定的充分必要条件是 $\boldsymbol{A}$ 的各阶主子式都为正,即

$$a_{11}>0,\quad \begin{vmatrix} a_{11} & a_{12} \\ a_{21} & a_{22} \end{vmatrix}>0,\quad \cdots,\quad \begin{vmatrix} a_{11} & a_{12} & \cdots & a_{1n} \\ a_{21} & a_{22} & \cdots & a_{2n} \\ \vdots & \vdots & & \vdots \\ a_{n1} & a_{n2} & \cdots & a_{nn} \end{vmatrix}>0$$

对称矩阵 $\boldsymbol{A}$ 为负定的充分必要条件是奇数阶主子式为负,而偶数阶主子式为正,即

$$(-1)^r\begin{vmatrix} a_{11} & \cdots & a_{1r} \\ \vdots & & \vdots \\ a_{r1} & \cdots & a_{rr} \end{vmatrix}>0,\qquad r=1,2,\cdots,n$$

这个定理称为霍尔维茨定理,这里不予证明.

例 15　判别二次型 $f=-5x^2-6y^2-4z^2+4xy+4xz$ 的正定性.

解　f 的矩阵为

$$\boldsymbol{A}=\begin{bmatrix} -5 & 2 & 2 \\ 2 & -6 & 0 \\ 2 & 0 & -4 \end{bmatrix}$$

因为 $a_{11}=-5<0$,$\begin{vmatrix} a_{11} & a_{12} \\ a_{21} & a_{22} \end{vmatrix}=\begin{vmatrix} -5 & 2 \\ 2 & -6 \end{vmatrix}=26>0$,$|\boldsymbol{A}|=-80<0$,所以 f 为负定.

第七节　应用问题

1. 环境保护与工业发展问题

为定量分析工业发展与环境污染的关系,某地区提出如下增长模型:设 x_0 是该地区目前的污染损耗(由土壤、河流、湖泊及大气等污染指数测得),y_0 是该地区目前的工业产值.以四年为一个发展周期,一个周期后的污染损耗和工业产值分别记为 x_1 和 y_1,它们之间的

关系是

$$x_1=\frac{8}{3}x_0-\frac{1}{3}y_0,\quad y_1=-\frac{2}{3}x_0+\frac{7}{3}y_0$$

写成矩阵形式就是

$$\begin{bmatrix}x_1\\y_1\end{bmatrix}=\begin{bmatrix}\frac{8}{3}&-\frac{1}{3}\\-\frac{2}{3}&\frac{7}{3}\end{bmatrix}\begin{bmatrix}x_0\\y_0\end{bmatrix}\quad 或\quad \boldsymbol{\alpha}_1=\boldsymbol{A}\boldsymbol{\alpha}_0$$

其中 $\boldsymbol{\alpha}_1=\begin{bmatrix}x_1\\y_1\end{bmatrix}$，$\boldsymbol{\alpha}_0=\begin{bmatrix}x_0\\y_0\end{bmatrix}$ 为当前水平，$\boldsymbol{A}=\begin{bmatrix}\frac{8}{3}&-\frac{1}{3}\\-\frac{2}{3}&\frac{7}{3}\end{bmatrix}$.

记 x_k 和 y_k 为第 k 个周期后的污染损耗和工业产值，则此经济增长模型为

$$\begin{cases}x_k=\frac{8}{3}x_{k-1}-\frac{1}{3}y_{k-1}\\y_k=-\frac{2}{3}x_{k-1}+\frac{7}{3}y_{k-1}\end{cases}$$

写成矩阵形式就是

$$\begin{bmatrix}x_k\\y_k\end{bmatrix}=\frac{1}{3}\begin{bmatrix}8&-1\\-2&7\end{bmatrix}\begin{bmatrix}x_{k-1}\\y_{k-1}\end{bmatrix}\quad 或\quad \boldsymbol{\alpha}_k=\boldsymbol{A}\boldsymbol{\alpha}_{k-1},\qquad k=1,2,3,\cdots$$

由此模型及当前水平 $\boldsymbol{\alpha}_0$，可预测若干发展周期后的水平，即

$$\boldsymbol{\alpha}_1=\boldsymbol{A}\boldsymbol{\alpha}_0,\quad \boldsymbol{\alpha}_2=\boldsymbol{A}\boldsymbol{\alpha}_1=\boldsymbol{A}^2\boldsymbol{\alpha}_0,\quad \cdots,\quad \boldsymbol{\alpha}_k=\boldsymbol{A}^k\boldsymbol{\alpha}_0$$

如果直接计算 $\boldsymbol{A}$ 的各次幂，计算将十分麻烦，而利用矩阵的特征值和特征向量的有关性质，不但可使计算大大简化，而且模型的结构和性质也会显得更为清晰. 为此先计算的 $\boldsymbol{A}$ 的特征值.

$\boldsymbol{A}$ 的特征多项式为

$$\det(\boldsymbol{A}-\lambda\boldsymbol{E})=\begin{vmatrix}\frac{8}{3}-\lambda&-\frac{1}{3}\\-\frac{2}{3}&\frac{7}{3}-\lambda\end{vmatrix}=\lambda^2-5\lambda+6$$

求得 $\boldsymbol{A}$ 的特征值为 $\lambda_1=2$，$\lambda_2=3$.

对于特征值 $\lambda_1=2$，解齐次方程 $(\boldsymbol{A}-2\boldsymbol{E})\boldsymbol{X}=0$，可求得 $\boldsymbol{A}$ 的属于特征值 $\lambda_1=2$ 的特征向量为 $\boldsymbol{\xi}_1=\begin{bmatrix}1\\2\end{bmatrix}$.

对于特征值 $\lambda_2=3$，解齐次方程 $(\boldsymbol{A}-3\boldsymbol{E})\boldsymbol{X}=0$，可求得 $\boldsymbol{A}$ 的属于特征值 $\lambda_2=3$ 的特征向量为 $\boldsymbol{\xi}_2=\begin{bmatrix}1\\-1\end{bmatrix}$.

结果的实际意义分析：如果当前水平 $\boldsymbol{\alpha}_0$ 恰好等于 $\boldsymbol{\xi}_1$，则 $k=n$ 时，有

$$\boldsymbol{\alpha}_n=\boldsymbol{A}^n\boldsymbol{\alpha}_0=\boldsymbol{A}^n\boldsymbol{\xi}_1=2^n\begin{bmatrix}1\\2\end{bmatrix}$$

即 $x_n=2^n$，$y_n=2^{n+1}$.

这一结果表明，经过 n 个发展周期后，工业产值 $y_n=2^{n+1}$ 已达到相当高的水平，但其中一半被污染损耗 $x_n=2^n$ 所抵消，造成资源的严重浪费.

由于 $\boldsymbol{\xi}_2=(1,-1)^{\mathrm{T}}$ 对应的 $y_0=-1$，即对应工业产值为负值，故其不具有实际意义.

一般情况，当前水平 $\boldsymbol{\alpha}_0\neq\boldsymbol{\xi}_1$，此时不能直接按如上方法分析.

例如，当 $\boldsymbol{\alpha}_0=\begin{bmatrix}11\\19\end{bmatrix}$ 时，由于 $\boldsymbol{\alpha}_0=10\boldsymbol{\xi}_1+\boldsymbol{\xi}_2$，故有

$$\begin{aligned}\boldsymbol{\alpha}_n&=\boldsymbol{A}^n\boldsymbol{\alpha}_0=10\boldsymbol{A}^n\boldsymbol{\xi}_1+\boldsymbol{A}^n\boldsymbol{\xi}_2\\&=10\cdot2^n\boldsymbol{\xi}_1+3^n\boldsymbol{\xi}_2=10\cdot2^n\begin{bmatrix}1\\2\end{bmatrix}+3^n\begin{bmatrix}1\\-1\end{bmatrix}=\begin{bmatrix}10\cdot2^n+3^n\\20\cdot2^n-3^n\end{bmatrix}\end{aligned}$$

由此可以看出，当 $n=4$ 时，污染损耗 $x_4=241$，工业产值为 $y_4=239$，即经济按如此布局发展四个周期后损耗已超过产值，经济将出现负增长.

2. 物种生存与繁衍问题

有甲、乙、丙三个物种，其生存具有相互依赖、相互制约的关系. 设三个物种在某年的存活量为 $\boldsymbol{x}=(x_1,x_2,x_3)^{\mathrm{T}}$，第二年的存活量 $\boldsymbol{y}=(y_1,y_2,y_3)^{\mathrm{T}}$ 由 $\boldsymbol{x}$ 完全确定，其具体关系如下：

$$\begin{cases}y_1=4.5x_1-3.0x_2+1.0x_3\\y_2=6.0x_1-4.0x_2+1.5x_3\\y_3=6.0x_1-5.0x_2+2.5x_3\end{cases}$$

记

$$\boldsymbol{A}=\begin{bmatrix}4.5&-3.0&1.0\\6.0&-4.0&1.5\\6.0&-5.0&2.5\end{bmatrix}$$

则某年存活量 $\boldsymbol{x}$ 与第二年的存活量 $\boldsymbol{y}$ 之间的关系可简写为 $\boldsymbol{y}=\boldsymbol{A}\boldsymbol{x}$.

从这一基本生存关系式出发，可考察三物种生存、繁衍的变化趋势.

如果从某年开始考虑，设初始存活向量为 $\boldsymbol{b}=(b_1,b_2,b_3)^{\mathrm{T}}$，则 n 年后存活向量为

$$\boldsymbol{x}_n=\boldsymbol{A}^n\boldsymbol{b}$$

为计算和讨论 $\boldsymbol{x}_n$，考虑将 $\boldsymbol{A}$ 对角化，为此先求矩阵 $\boldsymbol{A}$ 的特征根.

矩阵 $\boldsymbol{A}$ 的特征多项式为

$$\begin{aligned}\det(\lambda\boldsymbol{E}-\boldsymbol{A})&=\begin{vmatrix}\lambda-\frac{9}{2}&3&-1\\-6&\lambda+4&-\frac{3}{2}\\-6&5&\lambda-\frac{5}{2}\end{vmatrix}=\frac{1}{8}\begin{vmatrix}2\lambda-9&6&-2\\-12&2\lambda+8&-3\\-12&10&2\lambda-5\end{vmatrix}\\&=\frac{1}{8}\begin{vmatrix}2\lambda-9&6&-2\\-12&2\lambda+8&-3\\0&-2\lambda+2&2\lambda-2\end{vmatrix}=\frac{1}{4}(\lambda-1)\begin{vmatrix}2\lambda-9&6&-2\\-12&2\lambda+8&-3\\0&-1&1\end{vmatrix}\\&=\frac{1}{4}(\lambda-1)\begin{vmatrix}2\lambda-9&4&-2\\-12&2\lambda+5&-3\\0&0&1\end{vmatrix}=\frac{1}{4}(\lambda-1)(\lambda^2-8\lambda+3)\end{aligned}$$

$$=\frac{1}{4}(\lambda-1)(2\lambda-1)(2\lambda-3)=0$$

求得矩阵 $\boldsymbol{A}$ 的三个特征值为 $\lambda_1=\frac{3}{2},\lambda_2=1,\lambda_3=\frac{1}{2}$.

下求对应于 $\boldsymbol{A}$ 的不同特征值的特征向量.

对 $\lambda_1=\frac{3}{2}$，解方程组 $(\lambda_1\boldsymbol{E}-\boldsymbol{A})\boldsymbol{x}=0$. 由

$$\frac{3}{2}\boldsymbol{E}-\boldsymbol{A}=\begin{bmatrix}\frac{3}{2}-\frac{9}{2} & 3 & -1\\ -6 & \frac{3}{2}+4 & -\frac{3}{2}\\ -6 & 5 & \frac{3}{2}-\frac{5}{2}\end{bmatrix}=\begin{bmatrix}-3 & 3 & -1\\ -6 & \frac{11}{2} & -\frac{3}{2}\\ -6 & 5 & -1\end{bmatrix}$$

$$\sim\begin{bmatrix}1 & -1 & \frac{1}{3}\\ 0 & -\frac{1}{2} & \frac{1}{2}\\ 0 & -1 & 1\end{bmatrix}\sim\begin{bmatrix}1 & -1 & \frac{1}{3}\\ 0 & 1 & -1\\ 0 & 0 & 0\end{bmatrix}$$

可得方程组 $(\lambda_1\boldsymbol{E}-\boldsymbol{A})\boldsymbol{x}=0$ 等价于 $\begin{cases}x_1=\frac{2}{3}x_2\\ x_2=x_3\end{cases}$. 令 $x_3=3$，解得 $\boldsymbol{\xi}_1=\begin{bmatrix}2\\3\\3\end{bmatrix}$，所以对应于特征值 $\lambda_1=\frac{3}{2}$ 的全部特征向量为 $k_1\boldsymbol{\xi}_1\ (k_1\neq 0)$.

对 $\lambda_2=1$，解方程组 $(\lambda_2\boldsymbol{E}-\boldsymbol{A})\boldsymbol{x}=0$. 由

$$\boldsymbol{E}-\boldsymbol{A}=\begin{bmatrix}1-\frac{9}{2} & 3 & -1\\ -6 & 1+4 & -\frac{3}{2}\\ -6 & 5 & 1-\frac{5}{2}\end{bmatrix}=\begin{bmatrix}-\frac{7}{2} & 3 & -1\\ -6 & 5 & -\frac{3}{2}\\ -6 & 5 & -\frac{3}{2}\end{bmatrix}\sim\begin{bmatrix}1 & -\frac{6}{7} & \frac{2}{7}\\ 0 & -\frac{1}{7} & \frac{3}{14}\\ 0 & 0 & 0\end{bmatrix}$$

$$\sim\begin{bmatrix}1 & 0 & -1\\ 0 & 1 & -\frac{3}{2}\\ 0 & 0 & 0\end{bmatrix}$$

可得方程组 $(\lambda_2\boldsymbol{E}-\boldsymbol{A})\boldsymbol{x}=0$ 等价于 $\begin{cases}x_1=x_3\\ x_2=\frac{3}{2}x_3\end{cases}$. 令 $x_3=2$，解得 $\boldsymbol{\xi}_2=\begin{bmatrix}2\\3\\2\end{bmatrix}$，所以对应于特征值 $\lambda_2=1$ 的全部特征向量为 $k_2\boldsymbol{\xi}_2\ (k_2\neq 0)$.

对 $\lambda_3=\frac{1}{2}$，解方程组 $(\lambda_3\boldsymbol{E}-\boldsymbol{A})\boldsymbol{x}=0$. 由

$$\frac{1}{2}\boldsymbol{E}-\boldsymbol{A}=\begin{bmatrix}\frac{1}{2}-\frac{9}{2} & 3 & -1\\ -6 & \frac{1}{2}+4 & -\frac{3}{2}\\ -6 & 5 & \frac{1}{2}-\frac{5}{2}\end{bmatrix}=\begin{bmatrix}-4 & 3 & -1\\ -6 & \frac{9}{2} & -\frac{3}{2}\\ -6 & 5 & -2\end{bmatrix}\sim\begin{bmatrix}1 & -\frac{3}{4} & \frac{1}{4}\\ 0 & 0 & 0\\ 0 & \frac{1}{2} & -\frac{1}{2}\end{bmatrix}$$

$$\sim\begin{bmatrix}1 & 0 & -\frac{1}{2}\\ 0 & 1 & -1\\ 0 & 0 & 0\end{bmatrix}$$

可得方程组$(\lambda_3\boldsymbol{E}-\boldsymbol{A})\boldsymbol{x}=0$等价于$\begin{cases}x_1=\frac{1}{2}x_3\\ x_2=x_3\end{cases}$. 令$x_3=2$,解得$\boldsymbol{\xi}_3=\begin{bmatrix}1\\2\\2\end{bmatrix}$,所以对应于特征值$\lambda_3=\frac{1}{2}$的全部特征向量为$k_3\boldsymbol{\xi}_3\ (k_3\neq 0)$.

由于$|\boldsymbol{\xi}_1,\boldsymbol{\xi}_2,\boldsymbol{\xi}_3|=\begin{vmatrix}2 & 2 & 1\\ 3 & 3 & 2\\ 3 & 2 & 2\end{vmatrix}=1\neq 0$,故$\boldsymbol{\xi}_1,\boldsymbol{\xi}_2,\boldsymbol{\xi}_3$线性无关,于是初始存活向量$\boldsymbol{b}$可由$\boldsymbol{\xi}_1,\boldsymbol{\xi}_2,\boldsymbol{\xi}_3$线性表出.

设有$\boldsymbol{b}=k_1\boldsymbol{\xi}_1+k_2\boldsymbol{\xi}_2+k_3\boldsymbol{\xi}_3$,下由存活向量关系式$\boldsymbol{x}_n=\boldsymbol{A}^n\boldsymbol{b}$分析三物种生存的变化趋势,这里仅讨论$k_1,k_2,k_3$非负的情形.

(1) $\boldsymbol{b}=k_1\boldsymbol{\xi}_1$,即三个物种的存活量保持 2∶3∶3 的比例,则$n$年后

$$\boldsymbol{x}_n=\boldsymbol{A}^n\boldsymbol{b}=\boldsymbol{A}^n(k_1\boldsymbol{\xi}_1)=k_1{\lambda_1}^n\boldsymbol{\xi}_1={\lambda_1}^n k_1\boldsymbol{\xi}_1$$

由此可见,若初始存活向量$\boldsymbol{b}$恰巧为特征向量时,则存活向量保持比例不变,而比例关系由特征向量确定. 由于$\lambda_1=1.5>1$,故三个物种等比例同步增加,增加的速度由特征值决定.

(2) $\boldsymbol{b}=k_2\boldsymbol{\xi}_2$,即三个物种的存活量保持 2∶3∶2 的比例,则$n$年后

$$\boldsymbol{x}_n=\boldsymbol{A}^n\boldsymbol{b}=\boldsymbol{A}^n(k_2\boldsymbol{\xi}_2)=k_2{\lambda_2}^n\boldsymbol{\xi}_2={\lambda_2}^n k_2\boldsymbol{\xi}_2$$

在此情况下存活向量保持比例 2∶3∶2 不变,而比例关系由特征向量确定. 由于$\lambda_2=1$,故三个物种的数量保持不变,三物种生存、繁衍处于一种平衡状态.

(3) $\boldsymbol{b}=k_3\boldsymbol{\xi}_3$,即三个物种的存活量保持 1∶2∶2 的比例,则$n$年后

$$\boldsymbol{x}_n=\boldsymbol{A}^n\boldsymbol{b}=\boldsymbol{A}^n(k_3\boldsymbol{\xi}_3)=k_3{\lambda_3}^n\boldsymbol{\xi}_3={\lambda_3}^n k_3\boldsymbol{\xi}_3$$

在此情况下存活向量保持比例 1∶2∶2 不变. 由于$\lambda_3=0.5<1$,故三个物种的数量将按比例萎缩,直至全部消亡.

(4) $\boldsymbol{b}=k_1\boldsymbol{\xi}_1+k_2\boldsymbol{\xi}_2+k_3\boldsymbol{\xi}_3$,则$n$年后

$$\boldsymbol{x}_n=\boldsymbol{A}^n\boldsymbol{b}=\boldsymbol{A}^n(k_1\boldsymbol{\xi}_1+k_2\boldsymbol{\xi}_2+k_3\boldsymbol{\xi}_3)=\lambda_1^n(k_1\boldsymbol{\xi}_1)+\lambda_2^n(k_2\boldsymbol{\xi}_2)+\lambda_3^n(k_3\boldsymbol{\xi}_3).$$

此时如果$k_1\neq 0$,则上式反映的三个物种的比例将主要由最大的特征值λ_i所对应的特征向量$\boldsymbol{\xi}_1=(2,3,3)^{\mathrm{T}}$决定,即三个物种数量的比例将趋于 2∶3∶3 .

如果$k_1=0$,则三个物种数量的比例将趋于剩余的最大的特征值λ_i所对应的特征向量.

3. 多元函数极值的判别问题

函数最值问题是微积分理论应用一类常见问题. 在微积分的讨论中,我们学习了二元函数极值的求法,但并未深入讨论极值的判别原理,现对这一问题作进一步的讨论.

微分学理论指出:设函数 $z=f(x,y)$ 在点 $P_0(x_0,y_0)$ 的某邻域内具有一阶及二阶连续偏导数,且有

$$f_x{}'(x_0, y_0)=0, \quad f_y{}'(x_0, y_0)=0$$

记

$$A=f''_{xx}(x_0,y_0), \quad B=f''_{xy}(x_0, y_0), \quad C=f''_{yy}(x_0, y_0)$$

则 $z=f(x,y)$ 在点 $P_0(x_0,y_0)$ 是否取得极值的条件如下:

(1) 当 $AC-B^2>0$ 时具有极值,且当 $A>0$ 时有极小值,当 $A<0$ 时有极大值;

(2) 当 $AC-B^2<0$ 时没有极值;

(3) 当 $AC-B^2=0$ 时可能有极值,也可能没有极值,还需另作讨论.

这一极值判别的充分条件的原理是什么呢?

由极值点的定义,若函数 $z=f(x,y)$ 在点 $P_0(x_0,y_0)$ 的某空心邻域 $\mathring{U}(P_0,\delta)$ 内满足 $f(x_0,y_0)>f(x,y)$(或 $<$),则点 (x_0,y_0) 称为 $f(x,y)$ 的极值点. 为便于讨论,将极值定义改写成在点 (x_0,y_0) 的某空心邻域 $\mathring{U}(P_0,\delta)$ 有

$$\Delta z=f(x,y)-f(x_0,y_0)>0 \quad 或 \quad \Delta z=f(x,y)-f(x_0,y_0)<0$$

于是可以看出,二元函数 $z=f(x,y)$ 在点 $P_0(x_0,y_0)$ 是否取得极值的实质是其在 P_0 处的增量 $\Delta z=f(x,y)-f(x_0,y_0)$ 在其空心邻域 $\mathring{U}(P_0,\delta)$ 内是否变号. 于是问题归结为考虑函数增量的保号性问题.

为一般地讨论函数 $z=f(x,y)$ 在点 $P_0(x_0,y_0)$ 处的增量,考虑二元函数的泰勒展开式

$$\begin{aligned}f(x,y)=&f(x_0, y_0)+f'_x(x_0, y_0)\Delta x+f'_y(x_0, y_0)\Delta y\\&+\frac{1}{2!}[f''_{xx}(x_0, y_0)(\Delta x)^2+2f''_{xy}(x_0, y_0)\Delta x\Delta y+f''_{yy}(x_0, y_0)(\Delta y)^2]\\&+o[(\Delta x)^2+(\Delta y)^2]\end{aligned}$$

在二元函数的驻点有 $f'_x(x_0, y_0)=0$,$f'_y(x_0, y_0)=0$,其增量可表为

$$\begin{aligned}\Delta z=&f(x, y)-f(x_0, y_0)\\=&f'_x(x_0, y_0)\Delta x+f'_y(x_0, y_0)\Delta y+\frac{1}{2!}[f''_{xx}(x_0, y_0)(\Delta x)^2+2f''_{xy}(x_0, y_0)\Delta x\Delta y\\&+f''_{yy}(x_0, y_0)(\Delta y)^2]+o[(\Delta x)^2+(\Delta y)^2]\\=&\frac{1}{2!}[f''_{xx}(x_0, y_0)(\Delta x)^2+2f''_{xy}(x_0, y_0)\Delta x\Delta y+f''_{yy}(x_0, y_0)(\Delta y)^2]\\&+o[(\Delta x)^2+(\Delta y)^2]\\\approx&\frac{1}{2!}[f''_{xx}(x_0, y_0)(\Delta x)^2+2f''_{xy}(x_0, y_0)\Delta x\Delta y+f''_{yy}(x_0, y_0)(\Delta y)^2]\end{aligned}$$

于是,二元函数 $z=f(x,y)$ 在点 $P_0(x_0,y_0)$ 的增量 $\Delta z=f(x,y)-f(x_0,y_0)$ 在其空心邻域 $\mathring{U}(P_0,\delta)$ 内是否变号的问题转化为二阶导数的二次型

$$f''_{xx}(x_0, y_0)(\Delta x)^2+2f''_{xy}(x_0, y_0)\Delta x\Delta y+f''_{yy}(x_0, y_0)(\Delta y)^2$$

的正定性问题.

采用矩阵表示法,二元函数增量可表为

$$\Delta z \approx [\Delta x \quad \Delta y]\begin{bmatrix} f''_{xx}(x_0,y_0) & f''_{xy}(x_0,y_0) \\ f''_{xy}(x_0,y_0) & f''_{yy}(x_0,y_0) \end{bmatrix}\begin{bmatrix} \Delta x \\ \Delta y \end{bmatrix}$$

记

$$A=f''_{xx}(x_0,y_0),\quad B=f''_{xy}(x_0,y_0),\quad C=f''_{yy}(x_0,y_0)$$

$$\boldsymbol{H}=\begin{bmatrix} f''_{xx}(x_0,y_0) & f''_{xy}(x_0,y_0) \\ f''_{xy}(x_0,y_0) & f''_{yy}(x_0,y_0) \end{bmatrix}$$

则由二次型理论知当

$$A=f''_{xx}(x_0,y_0)>0,\quad |\boldsymbol{H}|=\begin{vmatrix} f''_{xx}(x_0,y_0) & f''_{xy}(x_0,y_0) \\ f''_{xy}(x_0,y_0) & f''_{yy}(x_0,y_0) \end{vmatrix}=AC-B^2>0$$

时,二次型 $f''_{xx}(x_0,\ y_0)(\Delta x)^2+2f''_{xy}(x_0,\ y_0)\Delta x\Delta y+f''_{yy}(x_0,\ y_0)(\Delta y)^2$ 是正定的,此时

$$\Delta z=f(x,y)-f(x_0,y_0)\approx [\Delta x \quad \Delta y]\begin{bmatrix} f''_{xx}(x_0,y_0) & f''_{xy}(x_0,y_0) \\ f''_{xy}(x_0,y_0) & f''_{yy}(x_0,y_0) \end{bmatrix}\begin{bmatrix} \Delta x \\ \Delta y \end{bmatrix}$$

$$=f''_{xx}(x_0,\ y_0)(\Delta x)^2+2f''_{xy}(x_0,\ y_0)\Delta x\Delta y+f''_{yy}(x_0,\ y_0)(\Delta y)^2>0$$

即 $f(x,y)>f(x_0,y_0)$,故二元函数 $z=f(x,y)$ 在点 $P_0(x_0,y_0)$ 处取得极小值.

当

$$A=f''_{xx}(x_0,y_0)<0,\quad |\boldsymbol{H}|=\begin{vmatrix} f''_{xx}(x_0,y_0) & f''_{xy}(x_0,y_0) \\ f''_{xy}(x_0,y_0) & f''_{yy}(x_0,y_0) \end{vmatrix}=AC-B^2>0$$

时,二次型 $f''_{xx}(x_0,\ y_0)(\Delta x)^2+2f''_{xy}(x_0,\ y_0)\Delta x\Delta y+f''_{yy}(x_0,\ y_0)(\Delta y)^2$ 是负定的,此时

$$\Delta z=f(x,y)-f(x_0,y_0)\approx (\Delta x \quad \Delta y)\begin{bmatrix} f''_{xx}(x_0,y_0) & f''_{xy}(x_0,y_0) \\ f''_{xy}(x_0,y_0) & f''_{yy}(x_0,y_0) \end{bmatrix}\begin{bmatrix} \Delta x \\ \Delta y \end{bmatrix}$$

$$=f''_{xx}(x_0,\ y_0)(\Delta x)^2+2f''_{xy}(x_0,\ y_0)\Delta x\Delta y+f''_{yy}(x_0,\ y_0)(\Delta y)^2<0$$

即 $f(x,y)<f(x_0,y_0)$,故二元函数 $z=f(x,y)$ 在点 $P_0(x_0,y_0)$ 处取得极大值.

例 16　设某企业用一种原料生产甲、乙两种产品,产量分别为 x,y 单位,原料消耗量为 $a(x^\alpha+y^\beta)$ 单位($a>0,\alpha>1,\beta>1$).若原料、甲、乙产品的价格分别为 r,m,n(万元/单位),在只考虑原料成本的情况下,求产量 x,y 多大时,企业利润最高?

解　显然,企业利润 z 为其两种产品的产量 x,y 的函数,即 $z=f(x,y)$.

由所设知

$$f(x,y)=mx+ny-ra(x^\alpha+y^\beta),\qquad (x,y)\in D=\{(x,y)\mid x\geqslant 0,y\geqslant 0\}$$

讨论产量 x,y 多大时企业利润最高就是求函数 $z=f(x,y)$ 在区域 D 内的最大值.

由微积分理论,为求函数 $f(x,y)$ 的最大值可先确定其驻点.

由驻点方程

$$\begin{cases} f_x'(x,y)=m-ra\alpha x^{\alpha-1}=0 \\ f_y'(x,y)=n-ra\beta y^{\beta-1}=0 \end{cases}$$

求得函数 $f(x,y)$ 在区域 D 内有唯一的驻点

$$(x_0,y_0)=\left(\left(\frac{m}{ra\alpha}\right)^{\frac{1}{\alpha-1}},\left(\frac{n}{ra\beta}\right)^{\frac{1}{\beta-1}}\right)$$

为求 $f(x,y)$ 在区域 D 内的最大值只需考虑 $f(x,y)$ 在驻点 (x_0,y_0) 处的极值性.

因为

$$f''_{xx}(x,y)=-ra\alpha(\alpha-1)x^{\alpha-2},\quad f''_{xy}(x,y)=0,\quad f''_{yy}(x,y)=-ra\beta(\beta-1)y^{\beta-2}$$

在驻点 (x_0,y_0) 处有

$$f''_{xx}(x_0,y_0)=-ra\alpha(\alpha-1)x_0^{\alpha-2}<0$$

$$|\boldsymbol{H}|=\begin{vmatrix} f''_{xx}(x_0,y_0) & f''_{xy}(x_0,y_0) \\ f''_{xy}(x_0,y_0) & f''_{yy}(x_0,y_0) \end{vmatrix}=\begin{vmatrix} f''_{xx}(x_0,y_0) & 0 \\ 0 & f''_{yy}(x_0,y_0) \end{vmatrix}$$

$$=f''_{xx}(x_0,y_0)f''_{yy}(x_0,y_0)=ra\alpha(\alpha-1)x_0^{\alpha-2}ra\beta(\beta-1)y_0^{\beta-2}$$

$$=r^2a^2\alpha(\alpha-1)\beta(\beta-1)x_0^{\alpha-2}y_0^{\beta-2}>0$$

即 $\boldsymbol{H}=\begin{bmatrix} f''_{xx}(x_0,y_0) & f''_{xy}(x_0,y_0) \\ f''_{xy}(x_0,y_0) & f''_{yy}(x_0,y_0) \end{bmatrix}$ 负定. 于是可知当 $x=\left(\frac{m}{ra\alpha}\right)^{\frac{1}{\alpha-1}}$, $y=\left(\frac{n}{ra\beta}\right)^{\frac{1}{\beta-1}}$ 时,企业利润达到极大值,从而也是最大值.

习 题 四

1. 计算 $(\boldsymbol{\alpha},\boldsymbol{\beta})$,其中

(1) $\boldsymbol{\alpha}=(-1,0,3,-5)^{\mathrm{T}}$, $\boldsymbol{\beta}=(4,-2,0,1)^{\mathrm{T}}$;

(2) $\boldsymbol{\alpha}=\left(\frac{\sqrt{3}}{2},-\frac{1}{3},\frac{\sqrt{3}}{4},-1\right)^{\mathrm{T}}$, $\boldsymbol{\beta}=\left(-\frac{\sqrt{3}}{2},-2,\sqrt{3},\frac{2}{3}\right)^{\mathrm{T}}$.

2. 把下列向量单位化:

(1) $\boldsymbol{\alpha}=(3,0,-1,4)^{\mathrm{T}}$; (2) $\boldsymbol{\beta}=(5,1,-2,0)^{\mathrm{T}}$.

3. 试证:若 $\boldsymbol{\alpha}$ 与 $\boldsymbol{\beta}$ 正交,则对任意实数 k,l,有 $k\boldsymbol{\alpha}$, $l\boldsymbol{\beta}$ 亦正交.

4. 试将向量组

$$\boldsymbol{\alpha}_1=\begin{bmatrix}1\\1\\1\end{bmatrix},\quad \boldsymbol{\alpha}_2=\begin{bmatrix}1\\1\\-1\end{bmatrix},\quad \boldsymbol{\alpha}_3=\begin{bmatrix}1\\-1\\-1\end{bmatrix}$$

正交规范化.

5. 判别下列矩阵是否为正交阵,并说明理由.

(1) $\begin{bmatrix} 1 & -\frac{1}{2} & \frac{1}{3} \\ -\frac{1}{2} & 1 & \frac{1}{2} \\ \frac{1}{3} & \frac{1}{2} & -1 \end{bmatrix}$; (2) $\begin{bmatrix} \frac{1}{9} & -\frac{8}{9} & -\frac{4}{9} \\ -\frac{8}{9} & \frac{1}{9} & -\frac{4}{9} \\ -\frac{4}{9} & -\frac{4}{9} & \frac{7}{9} \end{bmatrix}$.

6. 设 $\boldsymbol{A},\boldsymbol{B}$ 都是正交阵,证明 $\boldsymbol{AB}$ 也是正交阵.

7. 求下列矩阵的特征值和特征向量:

(1) $\begin{bmatrix}1 & 3\\ -1 & 2\end{bmatrix}$；　　(2) $\begin{bmatrix}6 & 2 & 4\\ 2 & 3 & 2\\ 4 & 2 & 6\end{bmatrix}$；

(3) $\begin{bmatrix}2 & 2 & -2\\ 2 & 5 & -4\\ -2 & -4 & 5\end{bmatrix}$；　　(4) $\begin{bmatrix}2 & 4 & 6 & 8\\ 0 & 2 & 4 & 6\\ 0 & 0 & 2 & 4\\ 0 & 0 & 0 & 2\end{bmatrix}$.

8. 设 $\boldsymbol{A}$ 为 n 阶矩阵，证明 $\boldsymbol{A}^{\mathrm{T}}$ 与 $\boldsymbol{A}$ 的特征值相同.

9. 试证：可逆矩阵 $\boldsymbol{A}$ 如果有特征值，则它的特征值不为零.

10. 若 n 阶方阵满足 $\boldsymbol{A}^2=\boldsymbol{A}$，则称 $\boldsymbol{A}$ 为幂等矩阵，试证：幂等矩阵的特征值只可能为 1 或 0.

11. 设 $\boldsymbol{A}^2-3\boldsymbol{A}+2\boldsymbol{E}=\boldsymbol{O}$，证明 $\boldsymbol{A}$ 的特征值只能为 1 或 2.

12. 设 $\boldsymbol{A}$ 为正交阵，且 $|\boldsymbol{A}|=-1$，证明 $\lambda=-1$ 是 $\boldsymbol{A}$ 的特征值.

13. 设 $\lambda(\lambda\neq 0)$ 是 m 阶矩阵 $\boldsymbol{A}_{m\times n}\boldsymbol{B}_{n\times m}$ 的特征值，证明 λ 也是 n 阶矩阵 $\boldsymbol{BA}$ 的特征值.

14. 已知三阶矩阵 $\boldsymbol{A}$ 的特征值为 1,2,3，求 $|\boldsymbol{A}^3-5\boldsymbol{A}^2+7\boldsymbol{A}|$.

15. 若 λ 是可逆矩阵 $\boldsymbol{A}$ 的特征值，证明 $\dfrac{1}{\lambda}$ 是 $\boldsymbol{A}^{-1}$ 的特征值.

16. 已知三阶方阵 $\boldsymbol{A}$ 的特征值为 $1,2,-3$，求 $|\boldsymbol{A}^*+3\boldsymbol{A}+2\boldsymbol{E}|$.

17. 证明：(1) 若 $\boldsymbol{A}$ 与 $\boldsymbol{B}$ 相似，则 $\boldsymbol{A}^{\mathrm{T}}$ 与 $\boldsymbol{B}^{\mathrm{T}}$ 相似；

(2) 若 $\boldsymbol{A},\boldsymbol{B}$ 为 n 阶方阵，$\boldsymbol{A}$ 可逆，则 $\boldsymbol{AB}$ 与 $\boldsymbol{BA}$ 相似；

(3) 若 $\boldsymbol{A}_1$ 与 $\boldsymbol{B}_1$ 相似，$\boldsymbol{A}_2$ 与 $\boldsymbol{B}_2$ 相似，则 $\begin{bmatrix}\boldsymbol{A}_1 & \boldsymbol{O}\\ \boldsymbol{O} & \boldsymbol{A}_2\end{bmatrix}$ 与 $\begin{bmatrix}\boldsymbol{B}_1 & \boldsymbol{O}\\ \boldsymbol{O} & \boldsymbol{B}_2\end{bmatrix}$ 相似.

18. 求正交矩阵 $\boldsymbol{P}$，使得 $\boldsymbol{P}^{-1}\boldsymbol{AP}$ 为对角阵.

(1) $\boldsymbol{A}=\begin{bmatrix}0 & -2 & 2\\ -2 & -3 & 4\\ 2 & 4 & -3\end{bmatrix}$；　　(2) $\boldsymbol{A}=\begin{bmatrix}1 & 2 & 4\\ 2 & -2 & 2\\ 4 & 2 & 1\end{bmatrix}$.

19. 设矩阵 $\boldsymbol{A}=\begin{bmatrix}2 & 0 & 1\\ 3 & 1 & x\\ 4 & 0 & 5\end{bmatrix}$ 可相似对角化，求 x.

20. 已知 $\boldsymbol{p}=(1,1,-1)^{\mathrm{T}}$ 是矩阵 $\boldsymbol{A}=\begin{bmatrix}2 & -1 & 2\\ 5 & a & 3\\ -1 & b & 2\end{bmatrix}$ 的一个特征向量.

(1) 求参数 a,b 及特征向量 $\boldsymbol{p}$ 所对应的特征值；

(2) 判断 $\boldsymbol{A}$ 能否对角化，并说明理由.

21. 设 $\boldsymbol{A}_n=(a_{ij})$，将 $a_{11}+a_{22}+\cdots+a_{nn}$ 称为 $\boldsymbol{A}$ 的迹，记为 $\mathrm{tr}\boldsymbol{A}$，由根和系数的关系知 $\boldsymbol{A}$ 的全体特征值的和等于 $\mathrm{tr}(\boldsymbol{A})$，证明：

(1) 对 n 阶方阵 $\boldsymbol{A},\boldsymbol{B}$，有 $\mathrm{tr}(\boldsymbol{AB})=\mathrm{tr}(\boldsymbol{BA})$；

(2) 若 $\boldsymbol{A}$ 与 $\boldsymbol{B}$ 相似，则 $\mathrm{tr}(\boldsymbol{A})=\mathrm{tr}(\boldsymbol{B})$.

22. 设三阶对称矩阵 $\boldsymbol{A}$ 的特征值为 $\lambda_1=1,\lambda_2=-1,\lambda_3=0$，对应于 λ_1,λ_2 的特征向量依

次为

$$\boldsymbol{p}_1=\begin{bmatrix}1\\2\\2\end{bmatrix},\quad \boldsymbol{p}_2=\begin{bmatrix}2\\1\\2\end{bmatrix}$$

求 $\boldsymbol{A}$.

23. 设三阶对称阵$\boldsymbol{A}$的特征值为$\lambda_1=6,\lambda_2=\lambda_3=3$,特征值$\lambda_1=6$对应的特征向量为$\boldsymbol{p}_1=(1,1,1)^{\mathrm{T}}$,求$\boldsymbol{A}$.

24. 设$\boldsymbol{A}=\begin{bmatrix}1&4&2\\0&-3&4\\0&4&3\end{bmatrix}$,求$\boldsymbol{A}^{100}$.

25. 用矩阵记号表示下列二次型:

(1) $f(x_1,x_2,x_3)=5x_1^2+3x_2^2-2x_3^2+4x_1x_2-x_1x_3+6x_2x_3$;

(2) $f(x_1,x_2,x_3,x_4)=x_1x_3+x_2x_3+x_3x_4$;

(3) $f(x_1,x_2,x_3,x_4)=6x_1^2+3x_1x_2-2x_1x_3+5x_1x_4+2x_2^2-x_2x_3+3x_3x_4+x_3^2$.

26. 求一个正交变换,将下列二次型化为标准形:

(1) $f(x_1,x_2,x_3)=2x_1^2+5x_2^2+5x_3^2+4x_1x_2-4x_1x_3-8x_2x_3$;

(2) $f(x_1,x_2,x_3,x_4)=2x_1x_2-2x_3x_4$;

(3) $f(x_1,x_2,x_3,x_4)=x_1^2+x_2^2+x_3^2+x_4^2+4x_1x_2+4x_1x_3+4x_1x_4-4x_2x_3-4x_2x_4-4x_3x_4$.

27. 求一个正交变换,把二次曲面方程

$$3x^2+5y^2+5z^2+4xy-4xz-10yz=1$$

化成标准方程.

28. 用配方法将下列二次型化为标准形,并写出所用变换:

(1) $f(x_1,x_2,x_3)=x_1^2+2x_2^2+2x_1x_2-2x_1x_3$;

(2) $f(x_1,x_2,x_3,x_4)=2x_1x_2-2x_3x_4$;

(3) $f(x_1,x_2,x_3,x_4)=x_1^2+x_2^2+x_3^2+x_4^2-2x_1x_2+4x_1x_3-2x_1x_4+6x_2x_3-4x_2x_4-4x_3x_4$.

29. 判断下列二次型是否正定:

(1) $f(x_1,x_2,x_3)=3x_1^2+4x_2^2+5x_3^2+4x_1x_2-4x_2x_3$;

(2) $f(x_1,x_2,x_3)=x_1^2+2x_2^2-3x_3^2+4x_1x_2+2x_2x_3$;

(3) $f(x_1,x_2,x_3,x_4)=x_1^2+x_2^2+4x_3^2+7x_4^2+6x_1x_3+4x_1x_4-4x_2x_3+2x_2x_4+4x_3x_4$.

30. 当 t 满足什么条件时,下列二次型是正定的?

(1) $f(x_1,x_2,x_3)=x_1^2+x_2^2+5x_3^2+2tx_1x_2-2x_1x_3+4x_2x_3$;

(2) $f(x_1,x_2,x_3)=x_1^2+4x_2^2+2x_3^2+2tx_1x_2+2x_1x_3$.

31. 若 $\boldsymbol{A}$ 是 n 阶可逆矩阵,证明 $\boldsymbol{A}^{\mathrm{T}}\boldsymbol{A}$ 是正定矩阵.

32. 若 $\boldsymbol{A}$ 与 $\boldsymbol{B}$ 是 n 阶正定矩阵,证明 $\boldsymbol{A}+\boldsymbol{B}$ 也是正定矩阵.

33. 证明:对称阵 $\boldsymbol{A}$ 为正定的充分必要条件是存在可逆矩阵 $\boldsymbol{P}$,使 $\boldsymbol{A}=\boldsymbol{P}^{\mathrm{T}}\boldsymbol{P}$.

附录　MATLAB 软件基础

MATLAB是矩阵实验室(Matrix Laboratory)当初为了使矩阵运称更简明而开发的数值计算软件，后来它逐渐发展成为具有通用科技计算、图形交互系统和程序设计语言的、国际公认的、最优秀的科技软件之一. 与其他高级语言相比，MATLAB 提供了一个人机交互的数学环境，并以矩阵作为基本的数据结构，可以大大节省编程时间. MATLAB 功能强大、语法规则简单、使用方便、编程容易效率高、扩充能力强，为充分利用软件资源、提高计算效率提供了非常有效的手段. 本章简要介绍 MATLAB 5.3 的使用方法，以及应用 MATLAB 软件解决线性代数中常见问题的方法.

第一节　MATLAB 的命令窗口和编程窗口

MATLAB 既是一种语言，又是一个编程环境. MATLAB 有两个主要的环境窗口，一个是命令窗口(MATLAB Command Window)，另一个是程序编辑窗口(MATLAB Editor/Debugger). 使用 MATLAB 软件的绝大部分操作都在这两个窗口进行.

一、命令窗口

计算机安装好MATLAB之后，双击MATLAB图标，就可以进入命令窗口，命令窗口是用户与 MATLAB 进行交互的主要场所(见图 1).

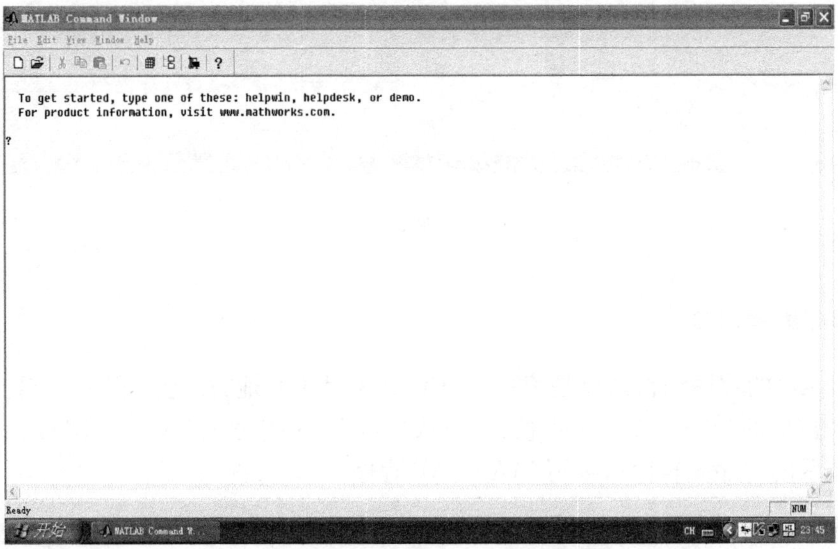

图 1

命令窗口的最上面是显示“MATLAB Command Window”字样的标题栏，下面分别是菜单栏，包含 File(文件)、Edit(编辑)、View(视图)、Window(窗口)、Help(帮助)5 项；工具栏，显示了 10 个工具按钮，熟练使用工具按钮可以使工作更快捷方便. 命令窗口的空白区域称为命令编辑区，在这里可以进行程序调用、输入和显示计算结果，也可以在该区域键入 MATLAB 命令进行各种操作，或键入数学表达式进行计算.

例 1 输入一个矩阵

```
>> A=[1  2  3;4  5  6;7  8  9]
```

屏幕显示

```
     1  2  3
A=4  5  6
     7  8  9
```

为了帮助初学者，MATLAB 软件提供了大量的入门演示. 例如，在命令窗口键入命令 demo 并回车，将进入 MATLAB 的演示界面(见图 2)，用鼠标点击左边的标题就可开始演示. 在命令窗口键入 intro 并回车，将执行 demo 中的 Basic Matrix Operation，介绍 MATLAB 的基本矩阵操作.

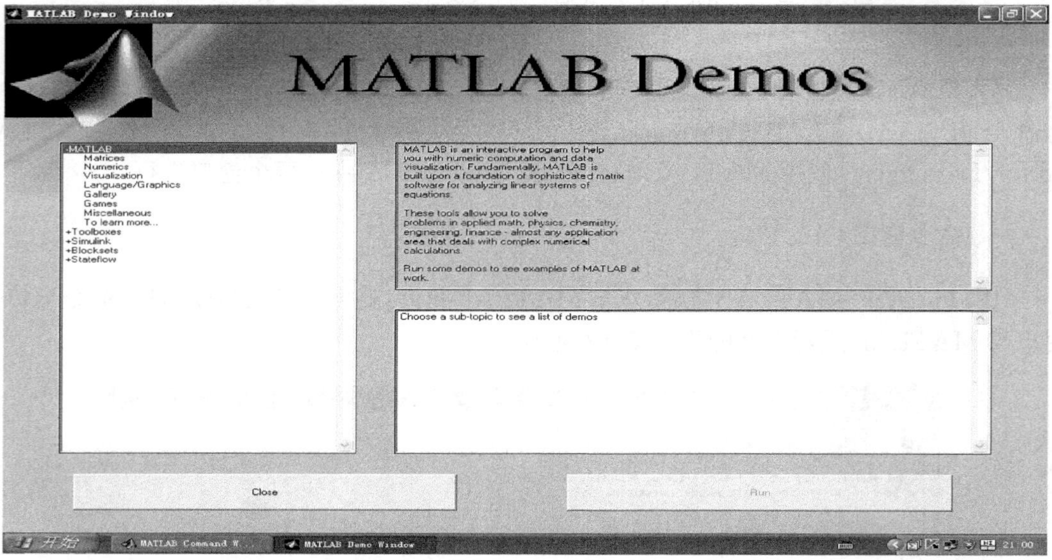

图 2

二、程序编辑窗口

MATLAB 的程序编辑窗口是编写 MATLAB 程序的地方. 进入程序编辑窗口的方法是单击命令窗口的“New M－File”按钮，或从“File”菜单中选择“New”及“M－File”项，然后在图 3 显示的程序编辑窗口编写 MATLAB 程序即 M 文件.

图 3

M文件是由ASCII码构成的，可以由任何文本编辑程序来编写，MATLAB的程序编辑窗口提供了方便的程序编辑功能. M文件分为两类，即命令文件和函数文件，它们的扩展名均为 . m. M文件可以相互调用，也可以自己调用自己.

(1) 命令文件

MATLAB的命令文件是由一系列MATLAB命令和必要的程序注释构成. 调用命令文件时，MATLAB自动按顺序执行文件中的命令. 命令文件需要在工作区创建并获取变量值，它没有输入参数，也不返回输出参数，只能对工作区的全局变量进行运算. 文件调用是通过文件名进行的.

例 2　程序 vandermonde. m 建立由向量 $\boldsymbol{T}$ 确定的范德蒙矩阵 Vand.

```
%vandermonde. m
%Create Vandermonde Matrix from Vector T
T=[-1 0 1 3 5];n=length(T)
For i=1:n
    Vand(I,:)=T.^(i-1);
End
Vand
```

首先在程序编辑窗口输入上述程序，并用 vandermonde. m 作为文件名存盘；然后在命令窗口执行 vandermonde. m，得到矩阵

```
Vand=
     1   1  1   1    1
    -1   0  1   3    5
     1   0  1   9   25
    -1   0  1  27  125
     1   0  1  81  625
```

在M文件中由符号“%”开始的行是注释行，用于对程序进行说明，可供help命令询，但

程序执行时会自动忽略.

(2) 函数文件

MATLAB绝大多数的功能函数都是由函数文件实现的,用户编写的函数文件可以像库函数一样被调用. MATLAB的函数文件可以实现计算中的参数传递. 函数文件一般有返回值,也可以只执行操作而无返回值.

函数文件的第一行是以 Function 开头的语句,具体形式为

Function[输出变量列表]=函数名(输入变量列表)

其中输入变量用圆括号括起来,输出变量超过一个就用方括号括起来;如果没有输入或输出变量,则可以用空的括号表示. 函数文件从第二行开始才是函数体语句. 必须注意函数文件的文件名一定要与函数名相同,这样才能确保文件的调用.

例 3 编写计算 Fibonnaci 数的 MATLAB 程序.

解 编写函数文件 fibfun. m ,该程序在输入变量 n 的值之后,输出第 n 个 Fibonnaci 数.

```
%fibfun. m
%fibfun for calculating Fibonnaci numbers
function f=fibfun(n)
if n>2
  f=fibfun(n-2)+fibfun(n-1);
else
  f=1;
end
```

在程序编辑窗口输入后以"fibfun. m"为文件名存盘;执行 fibfun (16),就得到 $n=16$ 时的 Fibonnaci 数

```
ans =
  987
```

在程序编辑窗口编写 MATLAB 程序时,MATLAB 自动将程序中的字符用不同颜色显示,以表明这些字符的不同属性. 例如程序的注解用绿色表示;程序的主体用黑色显示;程序某些属性值的设定用红色表示;程序的流程控制语句则用蓝色来表示.

第二节　矩阵的一般运算符

矩阵的一般运算符是矩阵运算的最基本的操作指令,如加、减、乘、除和乘方等运算,这些运算指令几乎在所有计算机语言中都有,且大同小异. 在 MATLAB 中,几乎所有的操作都是以矩阵为基本运算单元的,这与其他计算机语言有很大不同,这也是 MATLAB 的重要特点.

一、矩阵的加减运算

其基本形式为 $\boldsymbol{X}\pm\boldsymbol{Y}$,$\boldsymbol{X}$ 和 $\boldsymbol{Y}$ 必须为同维数的矩阵,此时各对应元素相加减,若其中 $\boldsymbol{X}$(或 $\boldsymbol{Y}$) 为数,此时相当于将 $\boldsymbol{X}$(或 $\boldsymbol{Y}$) 变为各元素都为 $\boldsymbol{X}$(或 $\boldsymbol{Y}$) 的矩阵,即 1×1 矩阵与另一同维的矩阵进行加减运算. 我们可以看下面的例子.

例 4　矩阵的加、减运算实例.

```
>> Y=[2  3;4  5]
Y=
    2  3
    4  5
>> X=[3  4;6  8]
X=
    3  4
    6  8
Z=X+Y
Z=
     5   7
    10  13
2-Y
ans=
     0  -1
    -2  -3
```

二、矩阵的乘法运算

$X \times Y$ 是两个矩阵 X 和 Y 的乘积,其中 X 和 Y 必须满足矩阵相乘的条件,即矩阵 X 的列数必须等于矩阵 Y 的行数. 设 $A=X\times Y$,则矩阵 A 的第 i 行第 j 列元素 a_{ij} 是 X 的第 i 行 n 个元素与矩阵 Y 的第 j 列 n 个元素分别相乘的乘积之和. 如果其中一个为 1×1 矩阵数值,则也合法,此时便是将矩阵的每一个元素都分别与这个数相乘. 我们还是通过例子来说明,其中 X 和 Y 为例 4 中的矩阵(例 5 ~ 例 8 均使用这两个矩阵).

例 5　矩阵的乘法运算实例.

```
>> X×Y
ans=
    22  29
    44  58
>> 3*X
ans=
     9  12
    18  24
```

三、矩阵的数量乘法(简称数乘)

其基本形式为 $X.\times Y$,其中 X 和 Y 必须有相同的维数或其中一个为 1×1 矩阵,运算结果为两个矩阵的相应元素相乘,得到的结果与 X 和 Y 同维,此时运算法则与 $X\times Y$ 相同.

例 6　矩阵的数乘实例.

```
>> X.*Y
```

```
ans=
    6   12
   24   40
>> Y.*2
ans=
    4    6
    8   10
```

四、矩阵的乘方运算

(1) ***X***^ *y* 表示

如果 ***X*** 是方阵，*y* 是一个大于 1 的整数，则所得结果由 ***X*** 重复相乘 *y* 次得到；如果 *y* 不是整数，则将计算各特征值和特征向量的乘方.

例 7　矩阵的数次幂实例.

```
>> X^1.5
ans=
    9.9499   13.2665
   19.8997   26.5330
>> X^2
ans=
    33   44
    66   88
```

(2) *x*^ ***Y*** 表示

x 为数，而 ***Y*** 为方阵，结果由各特征值和特征向量计算得到.

例 8　数的矩阵次幂实例.

```
>> 2^X
ans=
    559.27   744.36
    1116.5   1489.7
```

(3) 如果 ***X*** 和 ***Y*** 都是矩阵或 ***X*** 或 ***Y*** 不是方阵，则会显示错误信息.

五、矩阵的数量乘方

X.^ ***Y*** 的计算结果为 ***X*** 中元素对 ***Y*** 中对应元素求幂，形成的矩阵与原矩阵维数相等，这里 ***X*** 和 ***Y*** 必须维数相等. 若其中一个为数，此时运算规则等同于矩阵的乘方运算.

例 9　矩阵的数量乘方实例.

```
>> X=[1  2;3  4]
X=
    1  2
    3  4
>> Y=[2  2;1  3]
```

```
Y=
    2  2
    1  3
>> X.^Y
ans=
    1   4
    3  64
```

第三节　线性方程系统

在线性系统理论中重要的概念是行列式、逆和矩阵的秩，首先定义这些 MATLAB 命令再开始介绍求解的方法.

一、行列式、逆和秩

下列命令用来计算矩阵 **A** 的行列式、逆和矩阵的秩.

命令集：矩阵函数.

det(**A**)：求方阵 **A** 的行列式.

rank(**A**)：求 **A** 的秩，即 **A** 中线性无关的行数和列数.

inv(**A**)：求方阵 **A** 的逆矩阵. 如果 **A** 是奇异矩阵或者近似奇异矩阵，则会给出一个错误信息.

pinv(**A**)：求矩阵 **A** 的伪逆. 如果 **A** 是 $m\times n$ 的矩阵，则伪逆的维数为 $n\times m$. 对于非奇异矩阵 **A** 来说，有 pinv(**A**) = inv(**A**).

trance(**A**)：求矩阵 **A** 的迹，也就是对角线元素之和.

例 10　求矩阵的行列式、逆和秩.

假设有下列矩阵：

$$\boldsymbol{A}_1=\begin{bmatrix}1 & 3\\ 2 & 4\end{bmatrix},\quad \boldsymbol{A}_2=\begin{bmatrix}1 & 3\\ 2 & 6\end{bmatrix},\quad \boldsymbol{A}_3=\begin{bmatrix}1 & 3 & 2\\ 2 & 7 & 6\end{bmatrix}$$

将命令 det、inv、rank 和一些其他命令对上述矩阵进行操作.

(1) 仅为方阵定义行列式：

det1 = det(A_1)，　det2 = det(A_2)，　det3 = det(A_3)

结果如下：

```
det1=
    -2
det2=
    0
??? Error  using⇒det
Matrix  must  square.
```

分析　出错的原因是仅为方阵定义行列式，而 $\boldsymbol{A}_3$ 不是方阵.

(2) 仅为方阵定义逆：

```
inv1 = inv(A1),   inv2 = inv(A2),   inv3 = inv(A3)
```

结果如下：

```
inv1 =
    -2.0000    1.5000
     1.0000   -0.5000
Warning:Matrix is singular to working precision.
inv2 =
    inf  inf
    inf  inf
??? Error  using  =>inv
Matrix must be square.
```

分析 $\boldsymbol{A}_2$ 行列式为 0,不存在逆矩阵;而 $\boldsymbol{A}_3$ 不是方阵.

对所有矩阵定义伪逆：

```
pinv1 = pinv(A1),   pinv2 = pinv(A2),   pinv3 = pinv(A3)
```

结果如下：

```
pinv1 =
    -2.0000    1.5000
     1.0000   -0.5000
pinv2 =
    0.0200   0.0400
    0.0600   0.1200
pinv3 =
     0.9048   -0.3333
     1.0476   -0.3333
    -1.5238    0.6667
```

分析 $\boldsymbol{A}_1$ 的逆矩阵和它的伪逆是一样的.

(3) 如果 $\boldsymbol{A}$ 的逆矩阵存在,那么它的逆矩阵的行列式 $\det(\boldsymbol{A}^{-1})$ 就等于 $1/\det(\boldsymbol{A})$：

```
detinv1 = det(inv(A1))
```

结果如下：

```
detinv1 =
    -0.5000
```

(4) 矩阵的秩和它的转置的秩相同：

```
rank1 = rank(A1),   rank2 = rank(A2),   rank3 = rank(A3)
```

结果如下：

```
rank1 =
     2
rank2 =
     1
```

rank3 =

2

rankT1 = rank(A_1') ,　rankT2 = rank(A_2') ,　rankT3 = rank(A_3')

结果如下:

rankT1 =

2

rankT2 =

1

rankT3 =

2

(5) 实数矩阵的行列式和它的转置的行列式相同:

detT1 = det(A_1') , detT2 = det(A_2') ,detT3 = det(A_3')

结果如下:

detT1 =

−2

detT2 =

0

??? Error using⇒det

Matrix must square.

二、线性方程组的求解和行阶梯形矩阵

在 MATLAB 中用运算符"\" 求解线性系统,这个运算符的功能很强大,而且具有智能性. 通常,仔细研究计算过程是有价值的.

令 $\boldsymbol{A}$ 是 $n\times n$ 矩阵,$\boldsymbol{b}$ 和 $\boldsymbol{x}$ 是有 n 个元素的列向量,$\boldsymbol{B}$ 和 $\boldsymbol{X}$ 是 n 行 p 列的矩阵. MATLAB用如下命令求解系统 $\boldsymbol{Ax}=\boldsymbol{b}$:

$$\boldsymbol{x}=\boldsymbol{A}\backslash\boldsymbol{b}$$

求解更一般的系统 $\boldsymbol{AX}=\boldsymbol{B}$ 也用同样的方法,即

$$\boldsymbol{X}=\boldsymbol{A}\backslash\boldsymbol{B}$$

其中 $\boldsymbol{B}=[\boldsymbol{b}_1\quad \boldsymbol{b}_2\quad \cdots\quad \boldsymbol{b}_p]$.

如果 $\boldsymbol{A}$ 是一个奇异矩阵,或者是近似奇异矩阵,则会给出一个错误信息.

例 11　在 MATLAB 中求解方程组

$$\begin{cases}2x_1+3x_2=7\\4x_1+x_2=9\end{cases}$$

解　先找出系数矩阵 $\boldsymbol{A}$ 和右边的 $\boldsymbol{b}$,即

$$\boldsymbol{A}=\begin{bmatrix}2&3\\4&1\end{bmatrix},\quad \boldsymbol{b}=\begin{bmatrix}7\\9\end{bmatrix}$$

解向量是 $\boldsymbol{x}=(x_1,x_2)'$,可以用 $\boldsymbol{x}=\boldsymbol{A}\backslash\boldsymbol{b}$ 求得

x =

2

1

命令集:缩减行阶梯形矩阵.

rref(**A**):用高斯消元法和行主元法求 **A** 的缩减行阶梯形矩阵.

rref(**A**,tol):和 rref(**A**) 一样,但是使用精度 tol,它用来决定什么时候元素可以忽略不计.

rrefmovie(**A**):求缩减行阶梯形矩阵,并给出每一步的求解过程.

例 12 求下列矩阵

$$\boldsymbol{A}=\begin{bmatrix}1 & 3 & 3 & 2\\ 2 & 6 & 9 & 5\\ -1 & -3 & 3 & 0\end{bmatrix},\quad \boldsymbol{B}=\begin{bmatrix}2 & 1 & 1\\ 4 & 1 & 0\\ -2 & 2 & 1\end{bmatrix}$$

的缩减行阶梯形矩阵.

解 如果用命令 rref(**A**) 得到的矩阵中有一个或多个零行,则可以知道矩阵 **A** 中有一些行线性相关. 同样也可以用命令 rref(**A**′) 来知道矩阵 **A** 的列向量的相关性.

输入命令 Aref = rref(A),Bref = rref(B),运行结果如下:

```
Aref =
    1.0000   3.0000        0   1.0000
         0        0   1.0000   0.3333
         0        0        0        0
Bref =
    1   0   0
    0   1   0
    0   0   1
```

求矩阵 **A** 的秩可以在 **A** 的缩减行阶梯形矩阵中数非零行的数量. 在上面这个例子中,可以知道 **A** 的秩为 2,**B** 的秩为 3. 可以用命令 rankA=rank(A),rankB=rank(B) 来确认一下:

```
rankA =
    2
rankB =
    3
```

命令 rref 可以用来研究线性方程组. 令 $\boldsymbol{Ax}=\boldsymbol{b}$ 代表一个线性方程组,令矩阵 $\boldsymbol{B}=[\boldsymbol{A}\quad \boldsymbol{b}]$. 用命令 C=rref(B) 求得 **B** 的缩减行阶梯形矩阵 **C**,然后有下列结论:

(1) 如果 **C** 中有一个或多个全为零的行向量,则这个方程组中有冗余信息,这就意味着可以去掉一个或多个方程;

(2) 如果 **C** 中有除了最后一个元素不是零其余都是零的行,即(0,0,…,0,1),则这个方程组无解;

(3) 如果方程组有唯一解,则在 **C** 的最后一个列可以得到该解.